中国古医籍整理丛书

医林绳墨

明·方　谷　著

周　坚　林士毅　刘时觉　校注

中国中医药出版社

·北　京·

图书在版编目（CIP）数据

医林绳墨/（明）方谷著；周坚，林士毅，刘时觉校注．—北京：中国中医药出版社，2015.1（2021.6 重印）
（中国古医籍整理丛书）
ISBN 978－7－5132－2138－2

Ⅰ.①医… Ⅱ.①方…②周…③林…④刘… Ⅲ.①中医病理学－中国－明代 Ⅳ.①R228

中国版本图书馆 CIP 数据核字（2014）第 273442 号

中国中医药出版社出版
北京经济技术开发区科创十三街 31 号院二区 8 号楼
邮政编码 100176
传真 010 64405721
廊坊市祥丰印刷有限公司印刷
各地新华书店经销
*
开本 710×1000 1/16 印张 11.5 字数 95 千字
2015 年 1 月第 1 版 2021 年 6 月第 2 次印刷
书 号 ISBN 978－7－5132－2138－2
*
定价 35.00 元
网址 www.cptcm.com

如有印装质量问题请与本社出版部调换（010-64405510）

社长热线 010 64405720
购书热线 010 64065415 010 64065413
微信服务号 zgzyycbs
书店网址 csln.net/qksd/
官方微博 http://e.weibo.com/cptcm
淘宝天猫网址 http://zgzyycbs.tmall.com

国家中医药管理局
中医药古籍保护与利用能力建设项目
组织工作委员会

项目专家组

顾　问　马继兴　张灿玾　李经纬

组　长　余瀛鳌

成　员　李致忠　钱超尘　段逸山　严世芸　鲁兆麟　郑金生　林端宜　欧阳兵　高文柱　柳长华　王振国　王旭东　崔　蒙　严季澜　黄龙祥　陈勇毅　张志清

项目办公室（组织工作委员会办公室）

主　任　王振国　王思成

副主任　王振宇　刘群峰　陈榕虎　杨振宁　朱毓梅　刘更生　华中健

成　员　陈丽娜　邱　岳　王　庆　王　鹏　王春燕　郭瑞华　宋咏梅　周　扬　范　磊　张永泰　罗海鹰　王　爽　王　捷　贺晓路　熊智波

秘　书　张丰聪

前 言

中医药古籍是传承中华优秀文化的重要载体，也是中医学传承数千年的知识宝库，凝聚着中华民族特有的精神价值、思维方法、生命理论和医疗经验，不仅对于传承中医学术具有重要的历史价值，更是现代中医药科技创新和学术进步的源头和根基。保护和利用好中医药古籍，是弘扬中国优秀传统文化、传承中医学术的必由之路，事关中医药事业发展全局。

1949 年以来，在政府的大力支持和推动下，开展了系统的中医药古籍整理研究。1958 年，国务院科学规划委员会古籍整理出版规划小组在北京成立，负责指导全国的古籍整理出版工作。1982 年，国务院古籍整理出版规划小组召开全国古籍整理出版规划会议，制定了《古籍整理出版规划（1982—1990）》，卫生部先后下达了两批 200 余种中医古籍整理任务，掀起了中医古籍整理研究的新高潮，对中医文化与学术的弘扬、传承和发展，发挥了极其重要的作用，产生了不可估量的深远影响。

2007 年《国务院办公厅关于进一步加强古籍保护工作的意见》明确提出进一步加强古籍整理、出版和研究利用，以及

“保护为主、抢救第一、合理利用、加强管理”的方针。2009年《国务院关于扶持和促进中医药事业发展的若干意见》指出，要“开展中医药古籍普查登记，建立综合信息数据库和珍贵古籍名录，加强整理、出版、研究和利用”。《中医药创新发展规划纲要（2006—2020）》强调继承与创新并重，推动中医药传承与创新发展。

2003～2010年，国家财政多次立项支持中国中医科学院开展针对性中医药古籍抢救保护工作，在中国中医科学院图书馆设立全国唯一的行业古籍保护中心，影印抢救濒危珍本、孤本中医古籍1640余种；整理发布《中国中医古籍总目》；遴选351种孤本收入《中医古籍孤本大全》影印出版；开展了海外中医古籍目录调研和孤本回归工作，收集了11个国家和2个地区137个图书馆的240余种书目，基本摸清流失海外的中医古籍现状，确定国内失传的中医药古籍共有220种，复制出版海外所藏中医药古籍133种。2010年，国家财政部、国家中医药管理局设立“中医药古籍保护与利用能力建设项目”，资助整理400余种中医药古籍，并着眼于加强中医药古籍保护和研究机构建设，培养中医古籍整理研究的后备人才，全面提高中医药古籍保护与利用能力。

在此，国家中医药管理局成立了中医药古籍保护和利用专家组和项目办公室，专家组负责项目指导、咨询、质量把关，项目办公室负责实施过程的统筹协调。专家组成员对古籍整理研究具有丰富的经验，有的专家从事古籍整理研究长达70余年，深知中医药古籍整理研究的重要性、艰巨性与复杂性，履行职责认真务实。专家组从书目确定、版本选择、点校、注释等各方面，为项目实施提供了强有力的专业指导。老一辈专家的学术水平和智慧，是项目成功的重要保证。项目承担单位山东中医药大学、南京中医药大学、上海中医药大学、福建中医药大学、浙江省中医药研究院、陕西省中医药研究院、河南省中医药研究院、辽宁中医药大学、成都中医药大学及所在省市中医药管理部门精心组织，充分发挥区域间互补协作的优势，并得到承担项目出版工作的中国中医药出版社大力配合，全面推进中医药古籍保护与利用网络体系的构建和人才队伍建设，使一批有志于中医学术传承与古籍整理工作的人才凝聚在一起，研究队伍日益壮大，研究水平不断提高。

本着“抢救、保护、发掘、利用”的理念，该项目重点选择近60年未曾出版的重要古医籍，综合考虑所选古籍的保护价值、学术价值和实用价值。400余种中医药古籍涵盖了医经、基础理论、诊法、伤寒金匮、温病、本草、方书、内科、外科、女科、儿科、伤科、眼科、咽喉口齿、针灸推拿、养生、医案医话医论、医史、临证综合等门类，跨越唐、宋、金元、明以迄清末。全部古籍均按照项目办公室组织完成的行业标准《中医古籍整理规范》及《中医药古籍整理细则》进行整理校注，绝大多数中医药古籍是第一次校注出版，一批孤本、稿本、抄本更是首次整理面世。对一些重要学术问题的研究成果，则集中收录于各书的“校注说明”或“校注后记”中。

“既出书又出人”是本项目追求的目标。近年来，中医药古籍整理工作形势严峻，老一辈逐渐退出，新一代普遍存在整理研究古籍的经验不足、专业思想不坚定等问题，使中医古籍整理面临人才流失严重、青黄不接的局面。通过本项目实施，搭建平台，完善机制，培养队伍，提升能力，经过近5年的建设，锻炼了一批优秀人才，老中青三代齐聚一堂，有效地稳定了研究队伍，为中医药古籍整理工作的开展和中医文化与学术的传承提供必备的知识和人才储备。

本项目的实施与《中国古医籍整理丛书》的出版，对于加强中医药古籍文献研究队伍建设、建立古籍研究平台，提高古籍整理水平均具有积极的推动作用，对弘扬我国优秀传统文化，推进中医药继承创新，进一步发挥中医药服务民众的养生保健与防病治病作用将产生深远影响。

第九届、第十届全国人大常委会副委员长许嘉璐先生，国家卫生计生委副主任、国家中医药管理局局长、中华中医药学会会长王国强先生，我国著名医史文献专家、中国中医科学院马继兴先生在百忙之中为丛书作序，我们深表敬意和感谢。

由于参与校注整理工作的人员较多，水平不一，诸多方面尚未臻完善，希望专家、读者不吝赐教。

国家中医药管理局中医药古籍保护与利用能力建设项目办公室

二〇一四年十二月

许 序

“中医”之名立，迄今不逾百年，所以冠以“中”字者，以别于“洋”与“西”也。慎思之，明辨之，斯名之出，无奈耳，或亦时人不甘泯没而特标其犹在之举也。

前此，祖传医术（今世方称为“学”）绵延数千载，救民无数；华夏屡遭时疫，皆仰之以度困厄。中华民族之未如印第安遭染殖民者所携疾病而族灭者，中医之功也。

医兴则国兴，国强则医强。百年运衰，岂但国土肢解，五千年文明亦不得全，非遭泯灭，即蒙冤扭曲。西方医学以其捷便速效，始则为传教之利器，继则以“科学”之冕畅行于中华。中医虽为内外所夹击，斥之为蒙昧，为伪医，然四亿同胞衣食不保，得获西医之益者甚寡，中医犹为人民之所赖。虽然，中国医学日益陵替，乃不可免，势使之然也。呜呼！覆巢之下安有完卵？

嗣后，国家新生，中医旋即得以重振，与西医并举，探寻结合之路。今也，中华诸多文化，自民俗、礼仪、工艺、戏曲、历史、文学，以至伦理、信仰，皆渐复起，中国医学之兴乃属必然。

迄今中医犹为国家医疗系统之辅，城市尤甚。何哉？盖一则西医赖声、光、电技术而于20世纪发展极速，中医则难见其进。二则国人惊羡西医之“立竿见影”，遂以为其事事胜于中医。然西医已自觉将入绝境：其若干医法正负效应相若，甚或负远逾于正；研究医理者，渐知人乃一整体，心、身非如中世纪所认定为二对立物，且人体亦非宇宙之中心，仅为其一小单位，与宇宙万象万物息息相关。认识至此，其已向中国医学之理念“靠拢”矣，虽彼未必知中国医学何如也。唯其不知中国医理何如，纯由其实践而有所悟，益以证中国之认识人体不为伪，亦不为玄虚。然国人知此趋向者，几人？

国医欲再现宋明清高峰，成国中主流医学，则一须继承，一须创新。继承则必深研原典，激清汰浊，复吸纳西医及我藏、蒙、维、回、苗、彝诸民族医术之精华；创新之道，在于今之科技，既用其器，亦参照其道，反思己之医理，审问之，笃行之，深化之，普及之，于普及中认知人体及环境古今之异，以建成当代国医理论。欲达于斯境，或需百年欤？予恐西医既已醒悟，若加力吸收中医精粹，促中医西医深度结合，形成21世纪之新医学，届时“制高点”将在何方？国人于此转折之机，能不忧虑而奋力乎？

予所谓深研之原典，非指一二习见之书、千古权威之作；就医界整体言之，所传所承自应为医籍之全部。盖后世名医所著，乃其秉诸前人所述，总结终生行医用药经验所得，自当已成今世、后世之要籍。

盛世修典，信然。盖典籍得修，方可言传言承。虽前此50余载已启医籍整理、出版之役，惜旋即中辍。阅20载再兴整理、出版之潮，世所罕见之要籍千余部陆续问世，洋洋大观。

今复有“中医药古籍保护与利用能力建设”之工程，集九省市专家，历经五载，董理出版自唐迄清医籍，都400余种，凡中医之基础医理、伤寒、温病及各科诊治、医案医话、推拿本草，俱涵盖之。

嘻！璐既知此，能不胜其悦乎？汇集刻印医籍，自古有之，然孰与今世之盛且精也！自今而后，中国医家及患者，得览斯典，当于前人益敬而畏之矣。中华民族之屡经灾难而益蕃，乃至未来之永续，端赖之也，自今以往岂可不后出转精乎？典籍既蜂出矣，余则有望于来者。

谨序。

第九届、十届全国人大常委会副委员长

許嘉璐

二〇一四年冬

王 序

中医学是中华民族在长期生产生活实践中，在与疾病作斗争中逐步形成并不断丰富发展的医学科学，是中国古代科学的瑰宝，为中华民族的繁衍昌盛作出了巨大贡献，对世界文明进步产生了积极影响。时至今日，中医学作为我国医学的特色和重要医药卫生资源，与西医学相互补充、相互促进、协调发展，共同担负着维护和促进人民健康的任务，已成为我国医药卫生事业的重要特征和显著优势。

中医药古籍在存世的中华古籍中占有相当重要的比重，不仅是中医学术传承数千年最为重要的知识载体，也是中医为中华民族繁衍昌盛发挥重要作用的历史见证。中医药典籍不仅承载着中医的学术经验，而且蕴含着中华民族优秀的思想文化，凝聚着中华民族的聪明智慧，是祖先留给我们的宝贵物质财富和精神财富。加强对中医药古籍的保护与利用，既是中医学发展的需要，也是传承中华文化的迫切要求，更是历史赋予我们的责任。

2010 年，国家中医药管理局启动了中医药古籍保护与利用能力建设项目。这既是传承中医药的重要工程，也是弘扬优秀民族文化的重要举措，不仅能够全面推进中医药的有效继承和创新发展，为维护人民健康作出贡献，也能够彰显中华民族的璀璨文化，为实现中华民族伟大复兴的中国梦作出贡献。

相信这项工作一定能造福当今，嘉惠后世，福泽绵长。

国家卫生和计划生育委员会副主任

国家中医药管理局局长

中华中医药学会会长

王国强

二〇一四年十二月

马 序

新中国成立以来，党和国家高度重视中医药事业发展，重视古籍的保护、整理和研究工作。自1958年始，国务院先后成立了三届古籍整理出版规划小组，分别由齐燕铭、李一氓、匡亚明担任组长，主持制定了《整理和出版古籍十年规划（1962—1972）》《古籍整理出版规划（1982—1990）》《中国古籍整理出版十年规划和“八五”计划（1991—2000）》等，而第三次规划中医药古籍整理即纳入其中。1982年9月，卫生部下发《1982—1990年中医古籍整理出版规划》，1983年1月，中医古籍整理出版办公室正式成立，保证了中医古籍整理出版规划的实施。2002年2月，《国家古籍整理出版“十五”（2001—2005）重点规划》经新闻出版署和全国古籍整理出版规划领导小组批准，颁布实施。其后，又陆续制定了国家古籍整理出版“十一五”和“十二五”重点规划。国家财政多次立项支持中国中医科学院开展针对性中医药古籍抢救保护工作，文化部在中国中医科学院图书馆专门设立全国唯一的行业古籍保护中心，国家先后投入中医药古籍保护专项经费超过3000万元，影印抢救濒危珍、善、孤本中医古籍 1640 余种，开展了海外中医古籍目录调研和孤本回归工作。2010 年，国家财政部、国家中医药管理局安排国家公共卫生专项资金，设立了“中医药古籍保护与利用能力建设项目”，这是继 1982～1986 年第一批、第二批重要中医药古籍整理之后的又一次大规模古籍整理工程，重点整理新中国成立后未曾出版的重要古籍，目标是形成并普及规范的通行本、传世本。

为保证项目的顺利实施，项目组特别成立了专家组，承担咨询和技术指导，以及古籍出版之前的审定工作。专家组中的许多成员虽逾古稀之年，但老骥伏枥，孜孜不倦，不仅对项目进行宏观指导和质量把关，更重要的是通过古籍整理，以老带新，言传身教，培养一批中医药古籍整理研究的后备人才，促进了中医药古籍保护和研究机构建设，全面提升了我国中医药古籍保护与利用能力。

作为项目组顾问之一，我深感中医药古籍保护、抢救与整理工作的重要性和紧迫性，也深知传承中医药古籍整理经验任重而道远。令人欣慰的是，在项目实施过程中，我看到了老中青三代的紧密衔接，看到了大家的坚持和努力，看到了年轻一代的成长。相信中医药古籍整理工作的将来会越来越好，中医药学的发展会越来越好。

欣喜之余，以是为序。

中国中医科学院研究员

马继兴

二〇一四年十二月

校注说明

一、作者事略

方谷（1508—?），字龙潭，徽州人，后居钱塘（今杭州），曾为仁和（与钱塘同为杭州府属县）医官，为当时名医。据《明史·艺文志》载，其著作除本书《医林绳墨》外，还有《脉经直指》七卷、《本草纂要》十二卷流传于世。此外，在明倪朱谟《本草汇言》一书中，还保存了部分方氏医方、药论。

二、版本流传简况及底本和校本的选择

本书初刊于明万历十二年（1584）。清康熙十六年（1677），江宁周京重订本书（向山堂刻本），将篇目加以调整，并以家藏奇效诸验方，合为九卷，每卷九证，共列八十一证，改题名为《医林绳墨大全》。清康熙四十九年（1710），临川赵之弼求得其表兄浙东观察梁万骥所藏周京《医林绳墨大全》梓版，核以友人袁奕苍《医林绳墨大全》残卷，并在篇末附载赵氏临证验方刊行，是为廓然堂刊本。清嘉庆二十一年（1816），松江陈熙据周京刊本重刊本书，书口标"向山堂"字样，以致后人误认为其就是周京原本。1957 年，商务印书馆将王玉振医师所藏明代初刊本竖排铅印出版。本书现存除以上各版本外，还有众多清代抄本流行，有据明万历刻本所抄，有据清周京本所抄，有些已经残缺，有些在书前还抄有非本书的其他内容。

本书版本流传分两大系统，《医林绳墨》八卷本系统与《医林绳墨大全》九卷本系统，二者篇目、文字、内容出入较大。《医林绳墨》八卷本版本系统流传次序为：明万历初刊本→清抄本。《医林绳墨大全》九卷本版本系统次序为：康熙十六年周氏向山堂刻本→康熙四十九年赵氏廓然堂刊本→康熙修吉堂刻本→嘉庆松江陈熙重刻向山堂本→清抄本。

明初刊本与清代周京重辑本出入较大，从版本学角度看，以“选定现存最早或校印最精，内容完整，错误最少的一种版本为底本”的宗旨，那么完整的明初刊本当然为后世整理的底本。但从临床角度看，清代周京整理后的版本在体例编排、行文语句、内容等方面更切合临床实际，具有更重要的临床价值。所以，课题组研究后报请项目专家组讨论决定，分别整理两本书：一为《医林绳墨》八卷，一为《医林绳墨大全》九卷。

三、校注方法

本次校注整理《医林绳墨》，以南京图书馆所藏明万历十二年初刻本为底本，上海图书馆所藏清初抄本（据明刻本所抄）为主校本（简称“清抄本”），中国中医科学院图书馆所藏赵氏廓然堂本为参校本（简称“赵本”），对全书进行校补、勘误，力求保持本书原貌。

本书校注的体例细则如下：

1. 原书为繁体竖排，统一改为简体横排，加以现代标点符号。

2. 同一个字多次改动者，在首见处出校记，余者不出校记。

3. 凡底本无误，校本有误者，不出校记；凡底本与校本互异，义均可通，以底本义胜者，不出校记；凡底本与校本互异，义均可通，以校本义胜者，不改原文，出校记说明；凡底本与校本互异，义均可通，难以遽定优劣者，出异文校记，供读者参考；底本确为讹错，则在文中改正，出校记说明。

4. 原书中异体字、古字、俗写字统一以规范字律齐，不出校记。对通假字、避讳字不作改动，而出注文。如“踈”、“蹥”改为“疏”，“甦”改为“苏”，“煖”改为“暖”，“痺”改为“痹”，“効”改为“效”，“旹”改为“时”，“俛”改为“俯”，“断”改为“龈”，“眴”改为“眩”等。

5. 原书中“己”“已”“巳”等不分，“曰”“日”不分，据文意径改。

6. 原书中“舌胎”径改为“舌苔”，“眩运”径改为“眩晕”，“藏府”径改为“脏腑”，“黄胆沙”径改为“黄疸痧”，不出校记。

7. 原书中不规范的药名予以径改，不出校记。如“梹榔”改为“槟榔”，“山查”改为“山楂”，“山枝”、“枝子”改为“山栀”、“栀子”，“香茹”改为“香薷”等。

8. 底本、校本皆有模糊不清难以辨认者，则以虚阙号“□”按字数一一补入，如无法统计字数的，则用不定虚阙号“▨”补入，不出校记。

9. 原书引用他人论述，每有裁剪省略或添加己见，为保持原貌，一般不予改动，不出校记。若与原意有悖，或与事实不符者，出校说明。

10. 注释侧重字、词方面，凡难字、僻字皆加以注释并注音。注音采用汉语拼音和直音字结合的方法标明。

11. 本书明刻本无目录，清抄本目录不全，故以明刻本中篇目标题为基础，参考清抄本目录予以补缺。

序

《绳墨》一书，乃为后学习医之龟鉴[1]，非谷一人之私意，但领《内经》、仲景、东垣、丹溪、河间诸先生之成法者，著方立论，日与门弟子讲解，意味深长，默然难知。嗟夫，吾医之道，虽能入门，而难窥室，譬欲涉海问津，登山问路，难见其人，而津路之眩迷也。故尝谆戒诸生，以愚生平所读之书，意味深长之理，朝夕诵玩。或诸先生所立之论，未及配方；或所立之方，未及讲论；方论不齐，难以应用，由是一一配合，必使补泻升降之协宜，寒热温凉之得乎随机应手，治无不可。今幸豚儿[2]立志集成方论一册，寿[3]之于梓，与天下后世共，老朽再加愚按校正，定立主意。其中倘有差讹，识见之未到者，凡我同志，乞为笔削云。

时万历甲申仲秋望日

钱塘方谷叙门生邵元材书

方勉学效[4]

① 龟鉴：也称“龟镜”，龟可以卜吉凶，镜可以比美丑，故以喻借鉴前事。

② 豚儿：谦称自己的儿子。

③ 寿：保存，保全。

④ 效：通“校”。

目录

卷一

中风……………………… 一
伤风……………………… 五
中寒……………………… 六
伤寒……………………… 八
风寒……………………… 一三
中暑附伤暑、冒暑及中热、注夏、暑风…………一五
湿……………………… 一七
湿热……………………… 一八
燥……………………… 二〇
火……………………… 二二
疟……………………… 二四
痢……………………… 二六

卷二

痰……………………… 三一
喘……………………… 三三
咳嗽……………………… 三五
霍乱……………………… 三六
泄泻……………………… 三八
呕哕吐……………………… 四〇
吞酸　吐酸…………… 四二
嘈杂　嗳气…………… 四二

卷三

气论……………………… 四四
血论……………………… 四六
汗……………………… 四八
惊悸……………………… 四九
怔忡……………………… 五〇
健忘……………………… 五一
恍惚……………………… 五二
虚损……………………… 五二
痨瘵……………………… 五五
眩晕……………………… 五六

卷四

头痛附头风…………… 五九
心痛附胃脘痛………… 六二
腹痛附小腹痛及腹中窄狭……………………… 六三
胁痛……………………… 六六
腰痛……………………… 六七
牙痛……………………… 六八

疝痛附木肾、阴痿、强中 …… 七一
脚气 …… 七三
关格 …… 七五
欬逆 …… 七六

卷　五

脾胃 …… 七九
内伤 …… 八〇
噎膈附反胃 …… 八二
格食　格气 …… 八五
伤饮　伤食 …… 八六
六郁附五郁 …… 八八
臌胀附中满、蛊胀、水肿、黄肿、面肿、足肿、肢肿、阴肿、囊肿、子肿、眼胞肿、儿肿 …… 八九
消渴附强中 …… 九二
白火丹　黄疸痧 …… 九四

卷　六

淋沥附癃闭 …… 九六
小便不利附白带、白浊 …… 九七
小便不禁附咳嗽遗尿 …… 九八
梦遗　精滑附便浊 …… 九九
痿 …… 一〇一
痹附麻木不仁 …… 一〇三
厥 …… 一〇四
痓 …… 一〇六
癫狂 …… 一〇七
痫 …… 一〇八

卷　七

耳 …… 一一〇
目 …… 一一一
口 …… 一一四
鼻附鼻酸、鼻梁痛 …… 一一五
咽喉 …… 一一七
舌 …… 一一八
积聚 …… 一一九
癥瘕 …… 一二一
痞块 …… 一二一
秘结 …… 一二二
恶寒发热 …… 一二四

卷　八

妇人调经论 …… 一二六
崩中 …… 一二八
带下 …… 一二九
胎前 …… 一三〇
产后 …… 一三一

室女月水不通 ……… 一三三
瘢疹 ………………… 一三四
痛风 ………………… 一三五
历节风 ……………… 一三六
痔漏附肠风 ………… 一三七
脱肛 ………………… 一三九
疮疡 ………………… 一三九
肿毒 ………………… 一四〇
校注后记 …………… 一四三

卷一

中　风

《内经》曰：邪之所凑，其气必虚。风之中人，其中必重。盖中者，中入于内，拔之而难出也。况风之为症，无往不行，无地不载者也。所以中于上，则痰涎壅盛，塞闭不通；中于下，则小便遗溺，莫之可救。丹溪曰：中腑者多着四肢，有表症而脉浮，恶风恶寒，拘急不仁，治宜汗之，得小汗为可复也；中脏者多滞九窍，唇吻不收，舌不转而失音，耳聋而眼瞀①，大小便闭结，痰涎壅盛，不能言语，危甚风烛，急宜下之；中血脉者口眼㖞斜，语言不正，痰涎不利，手足瘫痪，宜以二陈汤加竹沥、姜汁；若外有六经之形症，则从小续命汤加减以发其表，后用通圣散辛凉之剂，兼治其里；若内便溺之阻隔，肢不能举，口不能言，此中经也，宜大秦艽汤、羌活愈风汤，先补其血，次养其筋；如瘫痪者，有虚有实，经所谓土太过则令人四肢不举，此高粱之疾，非肾肝之虚，治宜泻之，令土平而愈，用三化汤、调胃承气汤，选而用治；致②若脾虚之人，亦有四肢不举，但所中无痰涎，言语或不利，治宜十全大补汤及四物汤，去邪以留正也。经云：治风先治血，血实风自灭。正此谓欤！至于子和屡用汗吐下三法治之。丹溪又曰：治须少汗，亦宜少下，多汗则虚其卫，多下则损其荣。故经有汗下之戒，而

---

① 瞀（mào 冒）：目眩眼花。

② 致：通“至”。

治有中腑中脏之分，当审其虚实而用之。诸书所谓外中风邪，惟刘河间作将息失宜，水不制火，亦是。不若东垣曰：地有南北之殊，病有感受之异。且如西北地高，东南地卑，西北之所中者，多因风土太厚，所食腥膻，葱韭酒面，助热生风，动火生痰而然也，宜用三化汤、承气汤、通圣散之类；东南之所中者，亦因湿土生痰，痰生热，热生风也，宜以枳桔二陈汤加芩连之剂。以吾论之，此药但可用于中风少缓之时，未可施于中风卒暴之际。至若脏腑之症见，且无续命、三化等汤，宁得起死回生者焉？若丹溪体河间、东垣之说，而以内伤主治，王安道以为因内伤者，自是类中风，与风绝无相干，宜别而出之。其言谬矣！仍以昔人①主乎风，河间主乎火，东垣主乎气，丹溪主乎湿，而看三子昔人各得其一之说。若论三子不知中风，斯言过矣。夫河间之论，实具于火类之下，而不以风言，且别著中风论治甚详。东垣谓自内伤气病而木能生风之症，则风胜生痰也，治之尤妙。丹溪谓因于湿、成于热，必曰热极而生风痰者，亦有理也。三子何尝归于火、气、湿而言无中风之症也。愚谓体之厚者即感而伤，体之虚者偶得而中，所受有浅深，所中有轻重，所禀有虚实之异耳。《局方》本以外中而以内伤热症，混同施治，具载方书，害人非轻。若外感者，病在表，为有余；内伤者，病在里，为不足。治宜发散补养之剂，自有迥然不同，何其难辨也耶？大卒主血虚有痰，或挟火与湿言之，甚有理也。若以死血、瘀血留滞而不行者，岂理也哉？如外中风邪，见五脏之症者，十有九死，愚尝见之，可谓真中风也。

---

① 昔人：前人，古人。

所以中倒之时，不可善[1]卧，必使坐起，用法调治，初宜急掏人中，俟[2]醒，次用捻鼻取嚏[3]，或以鹅羽绞痰，三者之间，得嚏得吐即可治也，否则难为调理。若中倒之时，言谈得出一二句，方可用药，宜二陈为主，加竹沥、姜汁，气虚者配四君子，血虚者配四物，气实加枳、朴、山楂，血实者加桃仁、红花，有火者加芩、连、山栀，脾虚者加白术、茯苓，胃实者加枳实、大黄。痰壅盛者，口眼喎斜不能言语，皆用吐法，或瓜蒂散、稀涎散吐之。若服后不吐，此为气不能转者，为不可治。设或气虚卒倒者，以参芪补之；挟痰者，二陈汤加参、术、竹沥与之；血虚挟痰者，亦用姜制当归，更加二陈、竹沥与之；半身不遂，此卒多痰，亦宜前法二陈调治。肥白人多湿，少加苍术；瘦人多火，更加芩连。其或遗尿，属气虚，以参芪补之。小便不通，不可用利药，如热退自利。设若口不能言者，心绝也；唇吻手撒者，脾绝也；眼合直视者，肝绝也；遗尿面黑者，肾绝也；鼾睡自汗者，肺绝也。若见一症，事或可治，如二三症见，终必难治也，慎之慎之！许学士云：气中者亦类乎中风。因而七情所伤，暴怒伤阴，暴喜伤阳，故郁怒不舒，气多厥逆，初得便觉牙关紧急，四肢逆冷，手足战掉[4]而仆去者，此中气也，不可同中风论治，杀人多矣。盖中风身温且多痰涎，中气身冷亦无痰涎，宜以苏合香丸灌之，俟醒，然后以枳桔二陈汤最妙。《脉经》曰：中风脉浮滑，兼痰气者，其或沉滑，勿以风治，或浮或沉，而微而虚，扶危降痰，风未可疏。

---

① 善：赵本作“令”。
② 俟：等待。
③ 嚏：原作“嚏”，据赵本改。
④ 战掉：发抖动摇。战，通“颤”，发抖；掉，动摇。

【愚按】中风之症，此风之中于人也，必从外入，由其腠理空虚，脏腑不实，故直中于内而无阻滞者也。所以，中于心则失音不言；中于肝则眼合难开；中于肺则自汗不收，而取嚏不来；中于脾则牙关紧急，而探吐不得；中于肾则遗尿昏倦，而醒不知人。此为五脏直中之症，救之必难。若有一二症见，固可收救，设或三四经中，则邪胜于正，死期必矣，治不可乎。若中经中腑之症，口眼歪斜，左瘫右痪，言语不遂，痰涎壅盛，自汗恶风，便溺阻隔，此为可治之症，但依经旨而治之。又有肝木之邪胜，脾土之气衰，木能生风而导泄脾气，则偶为所中，有似中风之症者，亦可类中风而治之，以二陈加减用之可也。至若痰壅上者，则先吐而后中；痰壅下者，则先便而后中。二者皆正气空虚，亦能至死，但少苏[①]醒者可治，如昏不知人者难治。又有东南之人，皆是湿土生痰，痰生热，热生风。如是中者，但中之少缓，虽有痰涎壅塞，而无言语蹇滞，虽有便溺阻隔，而无眼合遗尿，用芩连二陈汤，从其轻重加减调治可也。又有心事拂郁，偶为大怒所充，不能发越，一时而中者，宜以二陈汤清气豁痰可也。或有内气不充，饮食不调，风寒拂郁而中者，宜二陈汤散表清寒可也。又有醉饱太甚，饮食不能运化而中者，宜以二陈汤消导宽中可也。或有劳力太过，精神竭尽而中者，其症头晕自汗，汗收而醒，宜以补中益气汤用治可也。亦有房劳太虚，精神斫丧[②]而中者，其症冷汗自来，精神昏愦，宜以十全大补汤调治可也。

然此论之，皆类中风之症，亦未尝有似中风之形也，自当

① 苏：原作“蘓”，据赵本改。
② 斫（zhuó 酌）丧：意为伤害，特指因沉溺酒色以致伤害身体。

分而辨论。大抵真中风之症少，类中风之症多；真中风者难治，类中风者易治；中脏者难治，在腑者易治。此治之之大端也，医当明之。

【治法主意】真中风见者，决不可治。类中风者，虽以二陈汤为主，不若治风先治血，血实风自灭。

伤　风

河间曰：伤风之症，或头疼项强，肢节烦痛，或眼胀肌热，嚏呕鼻塞，或头眩声重，咳嗽有痰，或自汗恶风，心烦潮热，其脉阳弦而滑，阴濡而弱，此邪在表。冬月宜桂枝汤，若汗出而加项强者，桂枝葛根汤。或伤风无汗者，当做伤寒治之，可用紫苏、麻黄，不可用桂枝、芍药，恐有变症。或已服桂枝，及烦而不解，无表症者，刺风池、风府，宜以双解散，免致有桂枝、麻黄之误。大抵伤寒恶寒，伤风恶风，理必然也。盖风善伤卫，然卫者阳气也，阳与阳合则客之而入于腠理，及疏而不能卫护，必自汗而恶风也。然用桂枝以实其表，使身汗自敛，风邪自出，此仲景之大法也。否则无汗而过用之，非惟痰火所生，亦且吐衄烦躁，咽痛之症变矣，戒之戒之！若或饮食过伤，又兼伤风者，必用内伤外感治之，宜以二陈汤，加苏、葛、白术、山楂。或感冒而肢体重痛，痰涎不利者，宜以二陈加苍、朴、干葛。或起居不时，房劳之后，以至感伤者，亦宜二陈加归、术、参、苏。或伤风兼伤寒者，宜以十神汤大解其表，在夏月羌活冲和汤亦可。或伤风兼里症者，宜以防风通圣散。或小儿伤风咳嗽有痰，用二陈汤加枳、桔、前胡，表实者加紫苏，表虚者加白术。许学士云：伤风恶风，非防风不能治其风；自汗有汗，非甘草不能治其汗。头痛者必用川芎，项强体痛者必加羌活，身痛体重者可用苍朴，肢节腰痛者可加独活，目痛鼻干不眠者必用黄芩，有热者须加前胡、干葛。此千载不易之良法也。录之。

【又按】有汗恶风者为伤风，吾见伤风无汗而恶风者亦有之矣。但头痛身热，而与伤寒相同，鼻塞声重，自与伤寒为异耳。伤风乃背恶其风，见风则喷嚏不已。伤寒恶寒，乃一身俱恶，虽近温暖不除。伤风避风，而居温暖之室，则热得发越，而自汗多来，风可解矣。故曰：风从汗泄，邪从汗解。所以伤风之症，用参苏饮、葛根汤，轻扬以散表，二陈汤清痰以止嗽，或加桑杏以疏泄其肺气，用前、芩以清解其邪热，此治之大法也，非伤寒大解其表，而用十神、麻黄之类。许学士治伤风发散，治用干葛，干葛甘寒，可以解肌表也，否则大解而用麻黄，则自汗不收，以致阳虚而涉[1]手，切宜记之。

【治法主意】有汗当实其表，无汗当发其表。凡发不可大发也，又当以疏泄之。

中　寒

中寒者，寒邪直中三阴之经也。盖中寒比伤寒尤甚，故云不急者即死。《蕴要》谓：寒中太阴，则中脘疼痛，宜理中汤；寒中少阴，则脐腹痛，亦理中汤加吴萸；如厥阴则小腹疼，宜当归四逆汤加吴萸；如寒甚，厥逆脉沉者，亦宜前方去当归；如极冷，唇青厥逆，无脉囊缩者，加附子，仍用炒盐熨脐中，并灸气海、关元二三十壮最佳。取脉渐渐应手，如手足温者，乃可治也。设或仓卒无药，以麻皮搽油刮背项，或以十指甲下

① 涉：赵本作“失”。

刺紫血出者亦可，或以生姜浓煎汤服亦妙。大抵一时为寒所中，昏不知人，口噤失言，四肢僵直，挛急腹痛，或吐泻并作者矣，此中天地杀励[①]之气也，宜以温中散寒，如二陈汤加姜、萸、厚朴、香附之类。又有淅淅[②]恶寒，翕翕发热，汗出而兼恶心呕吐者，此虽外感之症，亦宜温中散寒可也。又有汗出腑脏之虚者，房劳元气之弱者，劳力精神之惫者，又因寒之所中于中也，其脉多迟而紧，或短而数，与上文之症不同，此则内伤外感不足之症也。亦宜二陈汤加参、术、当归、炒黑干姜之属，俱以内托其寒，不可擅[③]用表药，以致遇汤吐汤，遇药吐药，汗吐齐来，内外俱虚，脉脱身冷而死。

【愚按】中寒之症，非伤寒外感之症也。盖中天地阴寒之气，或口食寒冷之物，或夜卧阴寒之处，或涉水弄冰，或好食鱼蟹，或强涉风霜，或晓行烟露，或劳处山岚，或饥冒雨雪，以致腹中作疼、作胀，或吐、或泻，或四肢厥逆，或脉势沉细、或空脱无力，是其候[④]也。皆因胃气空虚，脾气感受。然脾居中焦，主腐熟水谷，喜温而恶寒，喜燥而恶湿，今则阴寒之气，凉冷之物，填塞中焦，使脾遇寒而不健，使胃遇冷而不行，壅于上则吐，壅于下则利，吐利不行则腹中绞痛，莫知可忍，此为寒凝脾胃，聚而不出之症也。若挥霍变乱，危甚风烛，或者以外感治之，遇汤吐汤，遇药吐药，甚则十日半月，吐之不已，其人阴极作躁，初则口干欲水，饮入即返，身热恶衣，去之又冷，久则欲于泥水中卧，躁烦不已，循衣摸床，呃噎不定而死。

---

① 励：通“厉”。

② 淅淅：原作“浙浙”，据赵本改。

③ 擅：原作“善”，据赵本改。

④ 候：原作“侯”，据清抄本改。

大抵中寒之症，治不可少缓，亦不可以外感治之，尤不可以内伤并论。但因其内寒不清，脾胃受亏，非若外感传经之症也，非若内伤正气之不足也，此经之寒，止在一经，能温脾胃，病自除也。故《千金方》立理中汤，而治内寒之阴症，效验如神。若谓脾胃之阴寒，参附不可擅用也，不若苍朴二陈汤，加白术、香附、炒黑干姜，痛甚加茱萸，此药水一钟，煎半钟，徐徐热服，则吐利皆止，痛亦除也。治妙如神，家常秘之，今传后世，切勿失也。

伤　寒

《原病式》曰：春气温和，夏气暑热，秋气清凉，冬气凝寒，此四时之正气也。冬气严寒，万物潜藏，君子固密，不伤于寒。夫触冒之者，乃为伤寒耳。又有伤于四时不正之气，皆能致病，亦以为伤寒也。又有寒毒藏于肌肤，至春变而为温病，夏变而为热病，此热极重于温也。是以辛苦之人，春夏必有，皆因冬时犯冒之所致，非时行之气也。其时行者，春时应暖而反寒，夏时应热而反凉，秋时应凉而反热，冬时应寒而反温，非其时而有其气。是以一岁之中，病无少长，多相似者，此则时行之气也。夫所谓伤寒者，自冬月寒蓄在内，隐而不发，交春之时，阳为外出，遇风入于腠理，与正气交争，引出所蓄之邪。以致一二日病在太阳，则头疼、恶寒、腰背强重，此为邪气在表，宜发表出汗即愈；三四日病在少阳，寒热往来，胸胁胀满，口燥咽干，此为半表半里，邪在胆经，胆无出入之道路，宜和解即愈；五六日病在阳明，气结在脏，故腹胀、舌苔①、

① 舌苔：意指阳明病舌苔黄燥。

谵语、脉[①]实，当下之则愈。此治法之大略也。设或一日至二[②]三日，表解未尽，但有头疼、恶寒而表不解者，即宜解表。一日至三四日用表药，而表已解，头疼已除，但胸满腹胀，恶热而不恶寒者，亦宜下之，不必拘于日数也。又曰：遇下之证，诊其脉右手沉实者方可下，不实者下之必死。设若人事精神，脉势稍有力者，但可与黄连、枳实之剂挨之，慎勿轻与大黄下也。

【又论】夫伤寒本为杀疠之气，大凡霜降后至春分前，感寒而即病者名曰伤寒，不即病则郁藏其寒而成温热之症也。若夫冬月天令温暖而感之者，是为冬温也。如春时天令温暖而壮热为病者，乃真温病也。如天气尚寒，冰雪未解，感寒而病者，亦曰伤寒。若春末夏初之间，天气暴热而感之，此乃时行疫疠之气也。如夏至时壮热、脉洪者，谓之热病也。然又有瘟疫、温毒、温疟、风温、伤风、风湿、暑成湿温，数种可别，湿热可分。亦有寒痰、脚气、食积、劳烦，要知四症，乃似伤寒，治不知此，而悉皆以伤寒治之，则杀人多矣。且如温病、热病，乃因伏寒而变，既变不得复言为寒也。其寒疫者，乃天时暴寒与冬时严寒，又有轻重之不同也。其时气者，是天行疫疠之气，又非寒比也。湿病乃山泽所生湿雾之气也，暑乃夏月炎烁之气，风乃天地杀疠之气，皆能中人。但中者，中入腑脏，所以为重也。伤者伤于肌表，所以为轻也。然温疟、风温等症，自有仲景正条，今不载赘。又系伤寒变症，各有所因，不得与伤寒而列之也。且名不正则言不顺，名尚不正，岂可治之得法者乎？

---

① 脉：原作"昧"，据医理改。
② 二：原作"十"，据赵本改。

幸东垣发内外伤辨之论，救千古无穷之蔽，其功甚矣。故丹溪有云，千世之下，得其粹者，东垣一人而已。抑尝考之仲景治伤寒，著三百九十七法，一百一十三方，观其问难，明分经络施治之序、缓急之宜，无不反复辨论，首尾贯该，如日月之并明，山石之不移也，虽后世千方万论，终难违越矩度。然究其大要，无出乎表里、虚实、阴阳、寒热，八者而已。若能究其的，则三百九十七法瞭[1]然于胸中也。何以言之？其症有表、有里，有表实、表虚，里实、里虚，有表里俱实，有表里俱虚，有表寒里热，有表热里寒，有表里俱寒、表里俱热，有阴症，有阳症，有阴症似阳，有阳症似阴，有阴胜格阳，有阳极变阴，病各不同，要当明辨而治之。其脉浮紧，无热恶寒，身疼而无汗者，表实也，宜麻黄汤以汗之。若脉浮缓，发热恶风，身疼而有汗者，表虚也，宜桂枝汤以和之。设或腹中硬满，大便不通，谵语潮热，脉来沉实者，里实也，宜大柴胡汤及小承气汤之类下之。或腹鸣自利，有寒有热者，里虚也，宜理中汤温之。如表里俱实者，内外皆有热也。若脉浮洪，身疼无汗，宜通圣散汗之。若口渴饮水，舌燥脉滑者，人参白虎主之。若脉弦大而滑者，小柴合白虎主之。如表里俱虚，自汗自利者，宜人参三白汤，或黄芪建中汤加人参、白术，脉微细、足冷者加附子以温之。如表寒里热，身冷厥逆，脉滑数，口燥渴，宜用白虎汤。如里寒表热，面赤烦躁，身热自利清谷，脉沉者，以四逆汤温之。如表里俱寒而自利清谷，身疼恶寒者，此内外皆寒也，先以四逆救里，后以桂枝治其表也。如阴症发热，则脉洪数而躁渴，不可伐阳，此阴症见阳，生可得矣。阳症或脉空脱，手

① 瞭：原作“撩”，据赵本改。瞭，通“了”。

足搐搦，谵语者，此阳症见阴，终死厄矣。大抵麻黄、桂枝之辈，汗而发之；葛根、升麻之属，因其轻而扬之；承气、陷胸之剂，引而竭之；泻心、十枣之类，满而泄之。在表者宜大汗之，在里者审而下之，半表半里宜和解之，表实里少者和而少汗之，里多表少者和而微下之，在上者吐之，中气虚而脉微者温之，全在活法以施治也。若表里汗下之法，一或未当，则死生反掌之间，可不慎哉！

【又按】伤寒、温疫等症，初起之时，冬月麻黄汤，春秋十神汤，夏用人参败毒散加紫苏，此则一二日之药。若至于三四日之间，楂朴二陈汤加紫苏，夏则去紫苏，加葛根。五六日来，方可小柴胡汤，若此汤用之太早，有滞寒邪，则寒反重，必至二七方解。若七日之时，可用小柴胡去芩加葛根，此名柴葛解肌汤，助战最易。至于当战之时，切不可用药，战汗分为四症，并无一方载于战下，大率临战只以姜汤热服，重加衣被，得汗就凉，如元虚不能食姜者，以热粥汤助之，此治之之大方也。设若当汗之时，心烦躁扰，不欲盖被，将手乱行，必至谵语自汗，又不可大加衣被，元本不足，取气不来，闷之而死。此战之症，深为大事，不可轻视，不可轻许无事。虽战后其热不退，有微汗者，未可言其凶也。若汗后大热，此为汗后不解之症，终必难治，谨之。如伤寒二三日，不可就与小柴胡。四五日见胸膈满闷，就行挨下，用黄连、枳实之剂，反将轻病变重，重病变死，此用治之不当也。吾尝考之，阳症下之早者，乃为结胸；阴症下之早者，因成痞气；当汗不汗，即生黄疸；不当汗而重发其汗，因作痓也。汗多或有亡阳之变，手足厥逆；下过亦有阴虚之危，自利不止。可水而不与之水，则谵狂[1]妄作；不可与水而与之水，则水停心下。当温而不与之温，则吐利并行，心腹疼胀；不当温而与之温，则吐衄随行，心烦躁扰。或当温而与之表，则呕逆大热；当表而与之温，则口燥咽干。当温而与之水，则呕逆妄行；当水而与之温，则痰热妄行。当利而不利小便，则小腹胀而黄病作；不当利小便而反利之，则小水频而津液少。当燥而不与之燥，则一身尽痛，不能转移；不当与燥而与之燥，则烦渴不已，后生懊侬[2]。当补而不与之补，则正气空虚，邪热反甚；不当补而与之补，则胸满气急，咳嗽有痰。当泻而不与之泻，则邪热太甚，烦渴不已；不当泻而与之泻，则自利不止，恶心呕逆。当热而不与之热，则胸满气结，呕逆上攻；不当热而与之热，则咽嗌肿痛，痰涎不利。当凉而不与凉，则自汗恶风，邪热反甚；不当凉而与之凉，则汗闭腠理，斑疹余毒。凡举数条，俱医家用药之误也，罪不可逃。吾又验之，胸满而不渴者，当温而不可用寒；似疟而烦渴者，当清而不可用温。咳嗽有痰，因伤肺气，挟热自利，治可清凉。脉不沉实，不可强下，下之必死。脉不弦紧，不可强汗，汗之懊侬。虚弱者当补而不兼补，后必变重。实满者，当下而不及下，收成亦难。应下而脉不沉实者，下之亦死。应汗而脉虚弱者，汗之必难。战不得汗，不可强助，无汗即死。当战不得用药，用药有祸无功。要助其汗，多用姜汤。当表不可畏缩，表尽邪退，虽虑元虚，正复自可。此治伤寒之要法，不可畏难而苟安。以小易大，不可糊涂乱行；以安易危，不可将难视易。

---

① 狂：原作“任”，据清抄本改。

② 懊侬（àonáo 奥挠）：烦闷。

有不用心，如见死症，或见死脉，便欲让人，不可自专，设或病重，收手最难。且如发散之时，用药一二剂，汗不得来，就是跢手之病，或大汗不解，复返大热，是谓汗后不解之症，终必难治。至若汗后，宜乎脉和。脉不和缓而势力反硬者，后必变重。又有汗后大热不静，脉势短数，躁乱不宁，舌无津液，其人七日当战，战不过而死。又有脉势虚大，大而无力者死。又有脉势散乱者死，脉无根蒂者死。又有脉势歇至者死。又有手诊脉时，抽彻[①]不定者死。又有手诊脉强硬翻动者死，呃逆不止者死，气急痰喘者死，下后脉大谵语者死。凡此死症，不可枚举，但论之不已，笔之难尽，今将手面之症，略举一二，以明症治之可否也，使临症之际，不致懵然无知，而死症有涉于身前矣。临症之时，将此议论而熟读详味，则变化无穷，非惟医之有神，亦不视人命如草芥，谨之，慎之！

【治法主意】表不可畏缩，下不可妄投。

风　寒

风寒一症，世以为轻，论古方未入其列，今则拾遗补之。间尝窃取诸家之例，用药各有条约，非在一方一论而已。且如发散之药，有麻黄汤、桂枝汤、九味羌活汤、十神汤、枳桔二陈汤、参苏饮、二陈汤、苍朴二陈汤、人参败毒散、荆防败毒散、正气散、不换金正气散、藿香正气散、逍遥散、防风通圣散、五积散、芎芷香苏散、十味芎苏散、升麻葛根汤、柴葛解肌汤、金沸草散。以此论之，约有二十余条，俱是发散之药，解表之用，先贤著之于书，使后人用之有法。何期今之医者，

---

① 彻：通“撤”。

不惴病之表里，症之虚实，药之寒温，治之补泻，但见表症而用解表之药，寒证而用清凉之药，是则治之无方，用之不当，非惟表之不解，亦且引邪入经，而为传变不常之祸也，深可悲哉！

愚尝考之，麻黄汤而为大表之药，在冬月春初可用，如春末秋初用之则汗不止也，以为表虚之症。桂枝汤伤风必用之药，若伤寒见风有汗，而寒不解，如用桂枝方，可鼻塞声重，咳嗽有痰，岂可轻用桂枝汤者乎？九味羌活汤，陶上文[①]以为羌活冲和汤，而治四时不正之伤寒，以为神药，此百发百中也。以吾论之，在夏月多汗之时可用，若春秋以为解表，内有生地、黄芩，则苦寒并行，而表岂可得解者乎？十神汤，此春初秋末之药也，若冬时亦可用之，如夏秋有汗之际用之，又不当也。二陈汤，风寒不清，有生痰喘，气急咳嗽之症，无不验也。若兼火症，用又不通，必加芩连，亦名芩连二陈汤也，治火必可。或有风温、湿温、温疫、温疟，俱是有汗之症，若欲解表，不宜大汗者也，必须二陈汤加苍、朴，名之曰苍朴二陈汤。中气不清，胸膈满闷，可加枳、桔，名之曰枳桔二陈汤。饮食太多，胸腹作胀，可加曲、糵[②]，名之曰曲糵二陈汤。设若参苏饮，在小儿元气亏薄、老人正气虚弱、妇人胎产受寒、病后元气不足，虽有寒邪，不可大表，与此之剂，乃轻扬发散可也。人参败毒散，劳力感寒之用；荆防败毒散，杂科发散之药；正气散，元虚少感风寒；不换金正气散，感寒将欲入里；藿香正气散，又兼内伤而外感；逍遥散，妇人胎产受寒；防风通圣散，表里

---

① 陶上文：当为“陶尚文”。即陶华，字尚文，号节庵，余杭人，明代医学家。

② 糵（niè 臬）：植物的芽，如书中麦糵即麦芽。

两行之药，在痢疾外科可用；五积散，专攻内伤重而外感轻；芎芷香苏散，兼治风热甚而头疼如破；十味芎苏散，治天道和暖而无汗之风寒；升麻葛根汤，能除少阴初起之咽痛；柴葛解肌汤，亦治半表半里之风寒；金沸草散，又清时行之寒疫；败毒散，亦除大头之风寒。又有虾蟆瘟，非二陈清痰去热不可治。吐泻感寒，非二陈温中散寒不可行。此则有是症服是药也。大凡临症之时，不可妄行，当病之际，不可错乱，不可视其伤寒为重，风寒为轻，殊不知风寒不散，伤寒之由，伤寒变重，用药之误也。噫，治者可不度诸□。

中暑附伤暑、冒暑及中热、注夏、暑风

夫暑者，夏令炎暑之气也。经曰：寒伤形，热伤气。何以言之？《脉经》曰：暑伤于气，所以脉虚，弦细芤迟，体状无余。观此由可知也。盖人与天地同橐籥①，夏月天气浮于地表，人气亦浮于肌表，所以盛暑之际，肤腠不密而易于伤感也。洁古云：静而得之为中暑，动而得之为中热。东垣为避暑于深堂大厦、凉亭水阁，身受寒气，口食寒物，因而得之，名曰中暑。此症与中寒相同，或四肢厥逆，或拘急体痛，或呕吐脉虚、身热无汗，或脉沉迟、空脱无力。然与暑症治之有异，宜用辛温之剂，大顺散、理中汤，择而用治。如夏月日中劳苦得之者，名曰中热。此因天道盛暑，感受炎热之气，其症身发大热，甚则烙手，或引饮面赤，或呕哕恶心，其脉洪而数者是也。宜以清热之剂，如黄连解毒汤、黄连香薷饮，选而用治。伤暑者，

---

① 橐籥（tuóyuè 驼月）：古代鼓风用之袋囊。《道德经·第五章》：“天地之间，其犹橐籥乎？虚而不屈，动而愈出。”老子将橐籥比喻为天地宇宙乾坤变化之象，内中空虚而生机不已，动静交织而无穷无尽。

由其暑热，劳伤元气之所致也。其症日间发热，头疼眩晕，躁乱不宁，无气以动，亦无气以言，或身如针刺，小便短赤，此为热伤元气也。宜以黄连香薷饮，或清暑益气汤、黄连解毒汤，量其虚实而与之。冒暑者，其人元气有余，但不辞辛苦，暑热冒于肌表，而复传入于里，以成暑病也。是则腹痛水泻，口渴欲饮，心烦躁热，胃与大肠受之。宜以黄连香薷饮、天水散，或六和汤，随其轻重而与之。又有注夏者，皆因元气不足，阴虚而然，或有偶感邪热于内，助其虚火，令人头眩身热，自汗盗汗，心烦躁扰，四肢倦怠等症生焉。其为病也，在于日长暴暖，如春末夏初之间发也。宜以补养元气为主，如补中益气汤可也。又有暑风者，夏月卒倒，不省人事，偶为暑所中也。有因火者，有因痰者。火，君相二火也，暑，天地之火也，内外合而炎烁，所以卒倒也。痰者，人身之痰饮也，因暑气入而鼓激痰饮，壅塞心胸之间，则手足不知动摄而卒倒也。此二者皆可吐，吐醒后，可与清剂调治之。设若体虚之人，用二陈汤，加苍、朴、薷、连之属，虚加人参，实加葛根。

【又按】暑者，天道炎暑，阳气酷烈，床席不可近，途路不可行，烦渴太甚，元本空虚，感受之者，谓之伤暑。天气暑热，日胜而夜凉，不以衣被遮护，贪凉好卧，腠理疏开，邪气因而直达腑脏，得之者谓之中暑。若伤暑者，当以热论，此中热之症也，古人以为中暍，宜以黄连香薷饮。中暑者当以寒论，此因暑之所得也，今人以为中寒，宜用大顺散。大抵伤暑而作中暑治之，如抱薪救火，其热尤甚，发黄发癍，症必见矣。或者癍黄不见，内有所积，久则血痢之症生也。中暑而作伤暑治之，以寒治寒，其寒反盛，如吐泻而加厥逆，表症而生痰疟，寒不得出，死期必矣。设若当暑之时，大顺散疑乎大热，惧而不用，不若与之二陈汤加苍、朴、香附之类，发热恶寒有表症而脉弦紧者加葛根，吐泻恶心中气不行者加干姜，此治之无不验也，秘之。

【治法主意】中暑由寒得，中热因热至，寒不可用表而宜温，热不可寒而宜清。

湿

《内经》曰：诸湿肿满，皆属脾土。又曰：湿胜则濡泄。亦曰：地之湿气，感则害人皮肉筋脉，则为痿痹。《原病式》曰：诸痉强直、积饮、痞膈、中满，皆属于湿，有自外而得者，有自内而得者。东垣曰：因于湿，首如裹。盖首者，诸阳之会，位高气清，为湿气熏蒸而沉重，似有物以蒙之也。腑脏亦然，失而不治，则郁而为热，热伤其气，则气不能舒畅其筋，故大筋緛[①]短而为拘挛。湿伤其血，血不养筋，则筋不束骨，故小筋弛长而为痿弱矣。又云：或为黄疸，中气不清而逆害饮食，或为肿满，小水不利而四肢浮肿者焉，大概宜清热利水实脾之剂可也。又当审其方土之宜，从标本而施治。如东南地卑，其气多湿，凡受之病，必从外入，故体重脚气多自下起，治宜汗散，久则疏通渗泄可也；西北地高，其气大燥，其人多食生冷湿面，或饮酒食肉，露卧风霜，寒气怫郁，湿不能越，以致胸腹疼胀，甚则水鼓痞满，或周身浮肿，按之不起，此皆自内而出者也，当以健脾胃、消肿胀、利小便为要，宜服葶苈木香散、五子五皮饮，审其元气虚实而通利之。虚则可散，用二陈汤加沉香、木香之剂；实则可利，用五皮饮加葶苈、车前之类，全

---

① 緛（ruǎn 软）短：缩短。緛，原作“緶”，据赵本改。

在活法，不可一途而论也。《脉经》云：或涩、或细、或濡、或缓，是皆中湿，可得而断。

【又按】丹溪云：六气之中，湿热为病，十常八九。湿在上焦，宜发汗而解表，此疏泄其湿也；湿在中焦，宜宽中顺气，通畅脾胃，此渗泄其湿也；湿在下焦，宜利小便，不使水逆上行，此开导其湿也。故曰：治湿不利小便，非其治也。吾尝考之，茯苓淡渗而利小便，此行其湿也；泽泻甘咸以利水道，此散其湿也；防风辛温以散脾气，此胜其湿也；车前、滑石以行小水，此导其湿也；山栀、黄连以清邪热，此利其湿也；白术、苡仁以实脾土，此逐其湿也。噫，治湿之药，能如此分，则治湿之理明矣，何况有不治之症者乎？

【治法主意】湿之为症，吐泻、水肿、鼓胀、脚气、自汗、盗汗、积饮、停痰、阴汗、阴痒、木疝、㿉疝，皆属于湿，宜从上下而分利之，此治湿之法也。设若湿化为热，当从热治，不可又言其湿也。故曰：湿在上焦，宜从汗泄；湿在中焦，宜行燥湿；湿在下焦，宜利小便。

湿　热

湿热之症，诸书载湿而不载热者有之，载热而不载湿者亦有之，未尝立此一症而入方论，附录一章。但丹溪曰：东南之人，湿热之症，十居八九，腰以下症，皆作湿热治之。东垣曰：为痰、为满、为体重疼痛、为浊、为淋、为带下赤白、为肿、为痛、为脓溃疮疡、为积、为聚、为痢下后重、为疸、为黄、为呕涌逆食，亦皆湿热之所致也，当用分而治之。且如湿胜者当清其湿，热胜者当清其热。湿胜其热，不可以热治，使湿愈重；热胜其湿，不可以湿治，使热愈大也。然则初谓其湿，当以利水清湿为要，使湿不得以成其热也。久而湿化为热，亦不得再理其湿，使热反助其胜也。吾见黄疸一症，䨲[①]曲相似，继而湿化为热也，何期有湿之谓乎？但以清凉治之可也。如黄疸痧、白火丹，俱用荷包草[②]、平地木[③]草药而利小便，则效之大速，而治之可痊者也。否则依《本经》而用猪苓、泽泻、茵陈、木通、山栀等剂，虽利其湿，不能尽收其功，于此亦可见矣。又谓痰火而用雪里青[④]，痢疾而用黄连苗，虽曰未入《本经》之药，而实功验于别药者也。乃有鲜利之性，行之大速，生寒之味，利之尤佳，所以草药用之有功，而效过于官料之剂者此也。或谓小便混浊，大便溏泄，是则湿胜其热也；疮疡脓溃，痢下赤白，是则热胜其湿也。热胜其湿，下之自可；湿胜其热，利之便宜。又曰：治湿不利小便非其治也，治热不利大肠使热愈胜也。设或痿唯湿热，气弱少荣，是则热伤其气，又当清热可也。泄泻多湿，或本脾虚，亦当实脾燥湿然也。中暑吐泻，此湿化其热也；中暍吐泻，此热化其湿也。热化其湿，黄连香薷饮；湿化其热，芩连二陈汤。此治之不等，是各从其类也。又闻用药之法，五苓散而利小便，湿胜其热；四苓散而利小便，热胜其湿也。小陷胸而利大便，湿胜其热也；三黄石膏汤而利大便，热胜其湿也。伤暑而用黄连香薷饮，热欲化其湿也。泄泻而用益元散，湿欲化其热也。至若胃苓汤，燥脾利湿之药；柴苓汤，清热利湿之剂。正不足者，分而利之；邪有

---

① 䨲（yǎn 演）：覆盖东西使其变性。此喻黄疸由湿热蕴蒸而成。

② 荷包草：即马蹄金。性凉，味苦辛，具有清热、利湿、解毒功效。

③ 平地木：即紫金牛。性平，味辛微苦，具有化痰止咳、利湿、活血功效。

④ 雪里青：即筋骨举。性寒，味苦甘，具有清肺止咳、利胆退黄、凉肝息风、软坚散结功效。

余者，开而导之。分利者，利小便也；开导者，导大肠也。夫如是，然施治之法可通，而用药之法可验，则治湿之法可明矣。

【又按】湿热者，因湿而生其热也，脾土之为病也。何也？脾属土而土尝[1]克水，湿者水之象也，郁于中宫，化而为热，故曰湿热。其症头眩体倦，四肢无力，中气不清，饮食不思，小便黄浊，大便溏泄，此腑脏因湿之所伤也，其脉濡而缓。甚者发热恶寒，自汗时出，其脉濡而数，治宜苍朴二陈汤加黄芩、枳壳。如一身尽痛者加羌活，腿足痛者加防己，脚气起者加独活，湿在上焦加防风、白芷，湿在中焦加香附、干葛，湿在下焦加泽泻、黄柏。因于寒者加紫苏，因于热者加黄连，因于风者加防风，因于火者加山栀，因于食者加山楂、神曲，因于气者加枳、桔，因于劳者加归、术，因于大便不利者加黄连、枳实。大抵湿热之症，初宜发散，次当清利，久而湿化为热，宜从热治，不可又治其湿也。古方尝谓，治湿不利小便，非其治也。吾见小便清者，以湿治之，小便浊者，以热治之。凡治热者，不用燥湿之药，凡治湿者，不用清热之药，此治湿热之大法也。

燥

《内经》曰：诸涩枯涸，干劲皴揭，皆属于燥[2]。乃阳明大肠、太阴肺之症也。夫金为水源，而受燥热，竭绝于上，则津液不能荣养，百脉有自来矣。或患大病后，曾服克伐之药，或

---

① 尝：通“常”。

② 诸涩枯涸……皆属于燥：此论述出自刘完素《素问玄机原病式》，非《内经》原文。涩，原作“燥”，据《素问玄机原病式》改。

汗下重亡津液，或预防养生误服金石之剂，或恣用酒面炽煿①，偏助火邪，致使真阴有损，血液耗散。在外则皮肤皱揭，在内则肠胃干涸，在上则口燥咽干、烦渴不已，在下则闭结不便、腹中作胀，故脉见洪数结代，展转深涸者然也。《原病式》曰：此皆风热火之源也。治法，气之实者当用承气通泄之剂，气之虚者宜以甘寒润燥之药。调养百脉，则气液宣通，充和元本，使内神茂而外色泽矣。愚尝考之，燥结之症，虽有虚实二者之分，亦且可兼内外二字施治。若夫风寒所因，邪自外入，七情所起，火自内生，皆有湿热拂郁，以成燥结之症也。观此脉实，实则荡涤肠胃，开结软坚，如大小承气之类是也。或因久病，饮食少进，或因年高，将息失宜，此皆血液干涸，燥结无时，乃为燥也。燥则滋阴养血，清热润燥，如当归、地黄、桃仁、黄芩之属是也。否则燥结之症，苟不审其虚实，而轻用补泻之药，则生死如反掌之易，治者岂可轻视之乎？

【愚按】燥之一症，有口舌干燥而亡津液者，此内热之盛，水不能胜火，宜当清热降火，如知母、门冬之属；有皮肤痛痒而干燥者，此因血虚生风，血不能胜气，宜当凉血润燥，如生地、连翘之属；有大肠干燥而不行者，此金因热胜，粪由燥结，宜当清热润燥，如大黄、麻仁之属；有肌肉干燥而形脱者，此则内热消烁，气血耗散，宜以清热养血，如归、芍、连之属。又或气虚而致燥者，宜当补气生津，如人参、五味、麦冬之属；血虚而致燥者，当以养血滋阴，如生地、归、芍之属；又有汗下亡津液而致燥者，亦宜生脉散之属；产后去血过多而致燥者，亦宜四物汤之属。设或风胜而致燥者，宜以降火凉血，如连翘、

① 煿（bó 伯）：煎炒或烤干食物。

生地之属；火盛而致燥者，宜以降火清热，如芩、连、山栀之属；有痰盛而致燥者，宜降火清痰，如芩、栀、杏仁、瓜蒌子之属。大抵治燥之药，不止一端，论燥之症，不止一条，要必因其所动，而治其所发，是当深求其奥，以明燥症之端的也，用治之时，方显功术之妙也哉。

【治法主意】治燥不可太寒，开结不可大峻。燥必润之，随下而行，结欲开之，随气而顺。

火

丹溪曰：人禀五行，各一其性，惟火有二，曰君火，人火也；相火，天火也。火内阴而外阳，主乎动者也，故凡动皆属火。以名而言，形质相生，配于五行，故谓之君；以位而言，生于虚无，守位禀命，因动而见，故谓之相。肾肝之阴，悉其相火。东垣曰：相火，元气之贼，火与元气不两相立，一胜则一负。然则如之何使之无胜负乎？周子①曰：神发知矣。五性感动而万事出，有知之后，五者之性，为物所感，不能不动，谓之动者，即《内经》五火也。相火易起五性厥阳之火，相扇则妄动矣。火起于妄，变化莫测，无时不有，煎熬真阴，阴虚则病，阴绝则死。君火之气，经以暑与热言之；相火之气，经以火言之。盖表其暴悍酷烈，有胜于君火者也。故曰，相火元气之贼。大抵相火无君火不动，必须静养其心。周子曰：圣人定之以中正仁义而主静。朱子②曰：必使道心常为一身之主，

① 周子：即周敦颐，字茂叔，号濂溪，道州营道（今湖南道县）人，北宋理学家。

② 朱子：即朱熹，字元晦，号晦庵，徽州婺源（今江西婺源）人，南宋理学家。

而人心每听命焉。此善处乎火者也。使人心听命于道心，则五火寂然不动，惟相火裨补造化，而为生生不息之运用尔，何贼之有？又曰：火证之脉，不可不知，凡脉见浮而短数为虚火，洪而实大为实火，洪大见于左寸为心火，右寸为肺火，左关为肝火，右关为脾火，两尺为肾经、命门、三焦、膀胱之火。经又曰：气有余即是火。火从左边起者肝火也，右边起者脾火也，脐下起者阴火也，膈上起者肺火也，膈下起者胃火也，足上起者湿火也，涌泉起者至阴之火也。设或火在肌表者宜清之，火在筋骨之间者宜拔之，火在脏腑之间者宜泻之。又曰：君火从其心，相火从其肾，虚火从其补，实火从其泻，阴火从其补，阳火从其泻，此治火之大法也。不可一于苦寒之药而治火，致使元本不足而火尤甚，苦寒太过而谵妄作，虚极之体，皆化于燔燎[1]之气矣，何生之有？《脉经》曰：阴虚火动亦发热，勿骤凉。治虚热勿以寒凉药为用，轻可降散，实则可泻，重则难疗，从治可施。

【愚按】君火者，心火也，可以湿伏，可以直折，惟黄连之属可以制之。相火者，龙火也，不可以水湿折之，当从其性而伏之，惟黄柏之属可以降之。又曰：黄芩泻肺火，芍药泻脾火，石膏泻胃火，柴胡泻肝火，胆草泻胆火，木通泻小肠火，大黄泻大肠火，玄参泻三焦火，山栀泻膀胱之火，此皆苦寒之味，能泻诸经有余之火也。若饮食劳倦，内伤元气，火不两立，为阳虚之病，以甘温之剂除之，如参、芪、甘草之属。若阴微阳强，相火炽盛，以乘阴位，为血虚之病，以甘寒之剂降之，如当归、地黄之属。若心火亢极，郁热内实，为阳强之病，以咸

① 燔燎（fánliáo 烦聊）：焚烧。

冷之剂折之，如大黄、芒硝之属。若真水受伤，真阴失守，无根之火妄动，为阴虚之病，以壮水之剂制之，如地黄、玄参之属。若右肾命门衰，为阳脱之病，以温热之剂济之，如附子、干姜之属。若胃虚过食冷物，抑遏阳气于脾胃，为火郁之症，以升散之剂发之，如升麻、干葛、柴胡、防风之属。此治火之良法也。在医者审其虚实，施其补泻，量而度之，随症看其何火而用何药，未有不起其病沉疴也。鉴之！

【治法主意】阳火从其泻，阴火从其补，实火从其泻，虚火从其补。

疟

经曰：无痰不成疟。盖疟者，痰之症也。又曰：夏伤于暑，秋必痢疟。然夏令之时，阴内而阳外，外阳消烁，人多烦渴，过食生冷之物，有伤脾胃，脾胃不能运化，聚而成痰者矣。及秋阴生而阳为内主，痰不得出，故寒热交作而成疟也。治之之法，有汗者要无汗，扶正为主；无汗者要有汗，发散为先，此不易之良法也。但其症有不同，不可一途而论治，有瘅疟、寒疟、湿疟、温疟、牡疟、痎疟之异耳。且如瘅者，但热而不寒，呕多痰涎，肌肉消瘦也，宜以小柴胡汤或四兽饮治之。寒疟者，无汗恶寒，体重面惨，先寒而后热也，宜以败毒散加紫苏。湿疟者，身体重痛，不能转移，呕吐腹胀，冷汗多出，宜以二陈汤加苍、朴。温疟者，先热后寒，自汗恶风，寒热不大者也，宜以小柴胡汤加干葛。牝疟者，寒多不热，气虚而泄，惨悽振振者也，宜以理中汤配二陈。牡疟者，饮食不节，饥饱劳伤，表里俱虚，蓄痰而乍发者也，宜以人参养胃汤，或二陈汤加归、术、人参、干姜。痎疟者，连岁不已，脾家有积，元本空虚者也，宜以大补气血，如十全大补汤。是则名虽不同，其感受之端，未有不由风寒暑湿、七情六郁、饥饱劳役而成也。大率体盛之人，一日一发；体弱之人，间日一发；体虚之人，三日一发。又有连二日发，间一日发者，气血俱虚，或用截法。大抵疟疾之症，初宜发散，次宜清痰、健胃，若五六次举发之后，方可行截，不可未经发散，而就与截药，此乃闭门逐盗，盗自何出？吾见为痰、为喘、为谵狂等症生矣，虽欲再治，不可得也。又见疟发之时，欲汤而与之水，饮下即狂，无汗而死。欲汗而不与之汗，则热闭不解，为痰为喘，而肿毒之丧命也。临症之时，不可视其轻易。至若久疟不止，又不可再与治疟之剂，必须调经养正，则邪自除可也。《脉经》曰：疟脉自弦，弦迟多寒，弦数多热，随时变迁。

【愚按】疟疾，初宜发散，用解之药一二剂；次宜和解，用清热之药一二剂；然后发至四五次，方可行截。不然截之太早，则腹中作胀，饮食难用。寒热固虽微小，乍往乍来，不能尽绝，此是截之早也。设或初发一次就行截者，寒热不能发越，邪气不能屈伸，痰涎妄攻于上，吐之不出，咽之不下，气急喘盛，昏不知人，闷乱而死。又有当发之时，不以热处，或露卧风霜，或饮水以救渴，致使风寒并结，而不能舒散，邪气攻击，而致于扰乱，寒热相抟①，痰涎迷塞，狂言乱走，立待而死。又有房室不以忌惮，劳役更与支持，发而延久，变为劳损。或有气郁不清，严加哀苦，致令七情所伤，饮食不节，脾胃愈损，变为痞气。或者发疟之时，当禁鸡鱼生冷面食，否则不忌，变生中满、肿胀、呕吐之由也。大率疟之为病，不可视其轻易，但

① 抟（tuán 团）：集聚。

不服药不妨，能避风寒，能节饮食，厚衣取汗，不药而止。至于治之之法，必要分其虚实，辨其表里，别其新久，因人而施之。且如表之未尽，寒热未平，当佐解表之药，如香附、白芷、陈皮、甘草、常山，煮酒服之，其截最妙。又如元本空虚，寒热间作，当佐实里之药，如人参、白术、柴胡、黄芩、常山、草果，煮酒服之，其截又妙。至于三日一发，或连二日发、间一日者，或间二日发、发之不齐者，当用十全大补汤十余贴，其疟自止。设或不止，再加醋炙鳖甲一个，未有不截者也。此法家秘，用之若神。

【治法主意】有汗者要无汗，扶正为主；无汗者要有汗，发散为急。

痢

经曰：无积不痢。痢者，积滞也。又曰：暴注下迫，皆属于火也。亦曰：痢者，溲数而便脓血，知气滞其血也，治宜通利为先，不可擅用补剂及止涩之药。丹溪曰：养血则便自安，调气则后重自除。又曰：后重则宜下，如大黄、槟榔之属；腹痛则宜和，如木香、厚朴之类；身重则除湿，非苍、朴不能除；脉弦则去风，非秦艽不能去；脉大当清热，非芩、连不能清。脓血稠黏，以重药竭之，非大黄、滑石不能竭；身冷自汗，以热药温之，非人参、干姜不能温。风邪外束宜汗之，人参败毒散之剂；鹜溏下痢宜温之，香、连、吴萸之属。在表者解之，此风寒外袭也；在里者下之，此食邪壅盛也。在上者涌之，邪在上焦，宜行吐法，此食积下痢也；在下者竭之，邪在下焦，宜行下法，此下痢腹胀便涩也。身热者内疏之，邪在中焦，宜疏利其气则可也，用兼下药，非芩、连、楂、朴不能疏。小便短涩者分利之，如湿热盛则水道干涸而难行，可兼清利之药，非车前、滑石不能利。又曰：盛者和之，如盛而不和，则积愈胜也，故用芎、归之药以和之；去者送之，欲去而不送，则稽留而成积也，故用通利之药以通之；过者止之，如积行太过，元本空虚，则当止也，故用止涩之药以止之。《兵法》曰：避其来锐，击其惰归。此之谓也。殊不知泻属脾，而痢属肾也。丹溪曰：先水泻而后便脓血者，此脾传肾也；先脓血而后水泻者，肾传脾也。脾传肾者为贼邪，则治之难愈；肾传脾者为微邪，治之易愈。盖先贤之格言，以为后学之绳墨，医者可不详究之乎？戴氏[①]又曰：痢虽有赤白二色，终无寒热之别，白者湿热伤气自大肠来，赤者湿热伤血自小肠来，赤白相杂，气血俱伤，亦兼气血两治可也。设若黄属食积，黑属热盛；腥秽者，肠胃大伤，腐败必乎难治；噤口者，气格中焦，宜清湿热；呃忒者，气上冲心，多因胃气不和；恶心者，非寒非火，亦因湿热上攻。治疗之法，当和气血，清湿热，开郁结，消滞气，通因通用，此治之大法也，不可因其脾胃之病，擅用参、术等剂而滞其恶积。初得一二日，胃气尚[②]壮，先宜下之，下后必愈，如不愈者，调治未合式也。倘痢少久，胃气已弱，不宜下者，须调养之。亦有虚寒者，虚则补之，寒则温之，老年产后，不宜下者，用通和之。《脉经》曰：涩则无血，厥寒为甚，下痢逆冷。又曰：无积不痢，脉宜滑大浮，弦急死，沉细无害。

【愚按】痢疾一症，《内经》以为滞下，仲景通因通用，即将治本之法，而欲天下后世相继以相传也。近世之人，惧其所

---

① 戴氏：即戴思恭，字原礼，号肃斋，婺州浦江（今浙江诸暨）人，明代医学家。

② 尚：原作“上”，据文义改。

通，而反逡巡[①]畏缩，用以实脾利水之剂治之。殊不知脾实则积反甚，水利则积不行，由是滞于中宫，停于肠胃，淹延日久，痛而不休，其何以为？殆见痛于腹上，此积滞于胃也；痛于腹下，此积滞于肠也。河间腹痛则宜和，然和者以中和之药，如木香、厚朴、山楂、枳壳之类以和之。不若以吾所论，因其积而不去，积欲行而作痛，该以行积为可乎，必用大黄、槟榔之剂，佐以和中芎、归之药，治之无不愈也。所谓痢疾初起宜通，虽至十数日，腹中坚胀，按之痛甚，积下稠黏，或后重，或恶心呕哕，或口禁不食，或积少频并[②]，或窘迫孔痛，或噤口不食，俱宜大下，用仲景之法以下之，亦无害也。但不可用《局方》巴、硇[③]等剂以热攻热，利后发肿发毒也。吾见黄连苗而治痢疾则曰草灵丹，风化硝而治痢疾则曰玄明粉，大黄而治痢疾则曰承气汤，滑石而治痢疾则曰益元散，各从其性而用，取其利也。可见痢本积滞而必欲行，痢本湿热而必欲凉，此治之大法也。又曰：夏伤于暑，秋必痢疟。暑伤血分则痢红，暑伤气分则痢白。伤于气则用木香以调其气、槟榔以下其气、厚朴以行其气、枳壳以散其气，此治气之剂无不可也。伤于血必用当归以养其血、川芎以行其血、生地以凉其血、地榆以敛其血，此治血之用，无不验也。又曰：山楂治痢，非山楂可以治痢也，山楂有消导行气之功，使饮食入胃，易于消化而作糟粕，湿热难以和成而作积也。芩、连可以治痢，然芩、连可以清湿热也，热流于肠，痛而不休，大便窘迫，来而不利，非黄芩不能清湿

---

① 逡（qūn 囷）巡：意为有所顾虑而徘徊。逡，退让。

② 频并：犹频繁。

③ 硇（náo 挠）：即硇砂，为天然产的氯化铵。味咸苦辛，性温，具有消积软坚，破瘀散结功效。

热也，非黄连不能行大肠也。又谓枳壳有行气之功，厚朴有宽中之妙，皆用辛苦之味，辛可以散气而行积也，苦可以下气而去滞也。若胀满不食，非楂、朴不能宽中以进食也；后重不利，非枳壳不能开肠以行滞也。木香有和胃行肝之理，槟榔有行滞去积之能，因其辛可散而苦可下也。又见在上之气，非木香不能散；在下之气，非槟榔不能行。芍药治痢，止腹痛为最美，殊不知血虚腹痛，非此不除，其痛痛于小腹也；吴萸止痛，治大腹痛为神药，又不知气寒作痛，非此不灵，其痛发于阴寒也。乌梅止痢，有收敛之功，在积去而可行，若非脏腑虚寒，不可用也；地榆收敛，有凉血之理，如积行多而欲止，亦谓下痢血热之可与也。设若人参、白术有健脾之功，在痢疾收功而方可用；大黄、黄连有去积之妙，在痢疾初起而大可行。且如痢行三五日，正欲通泰而行舒畅可也，或因脉虚，或因气弱，反用白术、茯苓以健脾，山药、苡仁以实胃，黄连、木香以逐邪，厚朴、山楂以行气，此所谓闭门逐盗，盗自何出？其积滞之气，轻可以变重也。又如下痢日久，元本空虚，或用利药之太过，或有当止之不止，致令积行不已，气血虚弱，手足逆冷，必死之兆矣。可用大补气血以和其荣卫，甘温以养其元气，不可行积破积之药而又与之，此所谓实实虚虚之意也，诚可戒之。大抵治痢之法，湿热者先去湿，热胜者可以先清其热。至若热胜而清湿，则热愈胜也，湿胜而清热，则湿愈大也。或者先因其湿，而后化为热，当以热治，与湿绝无相干也，不可因其湿热，而又与燥湿之药，使热反甚也。在治者此理当明，则治之无不验也。又论产后下痢，难治之症，在医家缩手无措者也。且如产后当用热药，非姜、桂不可治，痢疾当用凉药，非芩、连不可行。设或用热之药，则痢疾反重，湿热上攻，恶心干呕，饮食不入，亦致于死也；设或用寒之药，则产后血不行，血上抢心，阿欠顿闷，必致于死也。二者之间，可不畏哉？吾常临症思之，两用行血行积之药，如芎、归为主，佐以益母、金银花和血以行血也，再用丹皮、红花清热以行血也，山楂、童便消积以行血也，如腹痛者加香附，腰痛者加续断，治无不验，亦当秘之。

【治法主意】养血则便自安，调气则后重自除，斯为至稳当也。

卷二

痰

痰者，人身之痰饮也。人之气道，贵乎清顺，其痰不生。设若窒塞其间，痰必壅盛，或因风寒暑湿热之外感，或因七情饮食之内伤，以致气逆液浊，而变为诸症之所生焉。聚于肺者，则喘嗽上出；留于胃者，则积利下行；滞于经络，为肿为毒；存于四肢，麻痹不仁；迷于心窍，谵语恍惚，惊悸健忘；留于脾者，为痞为满，为关格喉闭；逆于肝者，为胁痛乳痈。因于风者，则中风、头风、眩晕动摇；因于火者，则吐呕酸苦，嘈杂怔忡；因于寒者，则恶心吞酸，呕吐涎沫；因于湿者，则肢节重痛，不能转移；因于七情感动而致者，则劳瘵生虫，肌肤羸瘦；因于饮食内伤而得之者，则中气满闷，腹中不利，见食恶食，不食不饥。此皆痰之所致也，宜以豁痰为要，清气主之。大抵气顺则痰清，痰行则病去，不可专治其痰，而不理其气，使气聚而痰愈生也。吾尝考之，或为寒热，或为肿痛，或为狂越，或为胸中辘辘有声，或为背膊绑紧，有如一片冰冷，或为咽嗌不利，咯之不出，咽之不下，如粉絮梅核之状，亦皆痰之所致也。治疗之法，必揣其得病之由，而可施其调治之理。且如痰有新久轻重之分，形色气味之辨。新而轻者，形色青白，其痰稀薄，气味亦淡；久而重者，黄浊稠黏，凝结膏糊，欬①

---

① 欬（kài 忾）：《释名·释疾病》："欬，刻也，气奔至出入不平调若刻物也。"一般同"咳"，但方氏书中认为咳属寒，欬为火，病机有别。

之难出，渐成恶味，酸辣腥臊，咸苦臭秽，甚致带血而出。又曰：痰因火动，宜以治火为先；痰因气滞，宜以行气为要；痰生于脾胃，宜以实脾行湿；痰随气结，宜以理气清痰；痰郁于肺肝，宜开郁以行气。噫，治痰必以顺气为先，分导次之。又气升属火，顺气在于降火，亦不可拘泥于痰也。大凡痰之为症，热痰则清之，湿痰则燥之，风痰则散之，郁痰则开之，顽痰则软之，食痰则消之，在上者吐之，在中者下之，在下者提之。如气虚者宜固元气，而兼运其痰，若攻之太重，则胃气反虚，而痰愈胜矣。大概以二陈为主，但随症加减用治可也。

【愚按】痰之为症多端，痰之用治不一，盖治痰之药，而昔尝考之丹溪，以二陈为主，或加减用治。盖二陈者，健脾理气之药也，气清则痰亦清，脾健则痰亦运，健运有常，而生化之机得矣。非痰为生病之物乎，岂痰为人身可无者乎？凡人之肥厚者痰也，机关通利者亦痰也，气血百脉流行而升降者，亦痰之谓也。何也？行则为液，聚则为痰；流则为津，止则为涎；顺于气则安，逆于气则重。运化调治，当知其源者也。故曰：治痰必当以理气为先，使气升则痰升，气降则痰降，气顺则痰顺，气行则痰行。所以治痰之药，莫若二陈之妙也，虽然此药有加减之用。吾又考之，南星治痰，因风痰之可治也；贝母治痰，因虚痰之可行也；胆星治痰，因惊痰之可用也；玄明粉治痰，因实痰之可下也；瓜蒌仁治痰，因老痰之可润也；天花粉治痰，因热痰之可清也；黄连治痰，因火痰之可施也；石膏治痰，因有余之痰乃可通也。又曰：黄连降火而清痰，山栀开郁而行痰，前胡通表而解痰，杏仁清肺而利痰，桑皮泻肺而除痰，厚朴宽中而散痰，陈皮行气而理痰，白术健脾而运痰，竹沥宽中而坠痰，苏子降气而下痰，苍术去湿而化痰，山楂导气而消痰，枳壳下气而清痰，白芥子行气而开痰，莱菔子破气而降痰，瓜蒂行积而吐痰，常山开结而导痰。此治诸痰之妙药也，当从二陈汤为主，加减用之。临症再辨脉之虚实，病之新久，症之寒热，药之补泻，未有不瘥者也。

【治法主意】治痰以清气为先，气顺则痰清，气降则痰下。久病必于理脾，清气兼于降火。

喘

丹溪曰：喘急者，气为火所郁，而生痰在于肺胃也。又曰，：非特痰火使然，有阴虚，有气虚，有水气，有食积等症生焉。阴虚者，气从小腹起，而上逆于肺，则作喘也；气虚者，喘动气促不得息也；有水气者，水停心下，怏怏然而作喘也。有痰喘者，咳嗽不续，痰壅盛而喘急也；有火喘者，火炎上行，气粗大而喘盛也；有寒喘者，或因风寒闭肺，无汗气逆而生喘也；有食喘者，因饮食过多，脾胃不能运化，至①生气急而喘塞也。戴氏曰：凡喘有声便是痰，痰壅气盛便是喘。大抵喘之为病，胃中有郁火，膈上有稠痰。河间曰：得食坠下稠痰而喘少止，稍久食已入胃，反助其火，痰又升上，喘反大发。俗不知此，而以胃虚治之，有用燥热之药，是则以火济火，大不然也。但不若用二陈汤，加芩、连、白术、山楂、厚朴等剂，先运其痰，次降其火，兼理脾气，此喘必定也。又曰：气虚喘促者，呼吸不利，短气不续，宜以养正和气可也，如二陈、参、麦、五味之属；有胃虚转盛，抬肩撷肚②，喘而不休，宜以调

① 至：通“致”。
② 撷（xié 邪）肚：形容喘剧时腹壁肌肉紧张，随之而起伏的动作。撷，用衣襟兜物。

中养胃可也，如二陈、参、麦、桑、杏之类。若内伤于七情，外感于六气，其症似伤风而喘作者，宜以发散驱风可也，如二陈汤加枳、桔、桑、杏，或参苏饮，择而用治。若久病气虚作喘者，用人参、阿胶、麦冬、五味君而补之。若新病气实而作喘者，桑皮、葶苈、枳壳、黄芩主而泻之。《金匮》云：无寒热，短气不足以息者，虚也；脉来弦紧而有力者，实也；自汗、头汗者，虚也；气盛、痰盛者，实也；脉见紧促短数者，虚也；沉实有力者，实也。实则可治，虚不可为。症虚而脉实兼缓者可治，症实而脉虚兼数者难治。或有脾之虚者，先补其脾，肺之虚者，先理其肺，使土实可以生金，不为胀助其喘，金清可以生水，不为气助其急。不然土愈滞，气愈胀，则喘亦胜矣；金愈虚，而气愈急，则促又加矣。气虚气促，何治之有？吾见喘促太盛，冷汗自出，四肢逆冷，呼吸不能顺利者，必死之兆也，警之，慎之！

【愚按】气之壅盛而不能接续者谓之喘，气之壅盛而不能均息者谓之气急。又谓喘有声而气上冲喉则连头动，气急无声，呼吸动作而气动不平。气急当和其气而气不自急，喘盛者，当平其气而定其喘。故喘有虚、有实、有缓、有急者矣。且如实喘可治，而虚不可为；缓则易治，而急不可施。设若喘气虽急，而脉势和缓者可治；喘势不急，而脉势急促者难治；喘势又急，而脉势虚促者不治，散乱者不治，歇止者不治，头汗者不治，汗出如油者不治，谵狂者不治，痰盛者不治，痰不出而喉中作声者不治。

【治法主意】有汗而喘为虚，无汗而喘为实，实则可治，虚不可为。

咳　嗽

《脉经》曰：咳嗽所因，浮风紧寒，数热细实，房劳涩难，右关濡者，饮食伤脾，左关弦短，疲极肝衰，浮短肺伤，法当咳嗽。五脏之嗽，各视本位，浮紧虚寒，沉数实热，洪滑多痰，弦涩少血，形盛脉细，不足以息，沉小伏匿，皆是死脉，惟有浮大而嗽者生。外症内脉，参考称停①，此辨咳嗽之脉法也。夫嗽症者，谓有声，肺气伤而声不清。嗽谓有痰，脾湿动而生痰也。咳谓有声有痰，脾肺俱病而动湿生痰也。若所谓咳嗽者，因伤肺气，而动脾湿者也。若所谓欬嗽者，因火积热而伤肺金者也。病虽不同，然其要皆主于肺，而生于脾也。吾观伤风之症，鼻塞声重，咳嗽有痰，此肺气不利而得之也。虚损之症，热盛声哑，欬嗽无痰，此肺火盛而见之也。脾虚之症，嗽多稠痰，胸膈不利，大便溏泄，此脾湿动而生痰也。又有热痰者，痰因火动，或好食炙煿、酒面、膏梁②、油腻等物，蓄积于内，化为稠痰，故发而为胸满气急，痰喘不利，此脾火动而生痰也。治疗之法，气清则痰易消矣。故用二陈汤治痰，则嗽自止；枳壳利气，则痰自消；茯苓、甘草和中，则痰自运。设或有寒者加苏、麻，有火者加芩、连，有郁者加山楂、厚朴，有风者加荆、防，有食者加曲、蘖，脾虚者加白术，此用药之法也。戴氏又曰：风寒者宜温，鼻塞声重，恶寒是也；火者宜降，有声痰少面赤是也；劳者宜补，盗汗出，肌肉脱，痰唾稠黏，寒热乍发是也。又有肺胀者，动而喘嗽，胸满气急，卧不下床是也。

---

① 称停：称量平正，比喻公正恰当。赵本作“均停”。

② 梁：通“粱”。

痰嗽者，痰涎壅盛，动彻便有稠痰，因嗽而痰不已也。治嗽之症，人皆常以为易，在予常以为难，此念念在兹也。

【愚按】五脏之病，各视本位，何独病至于肺之所在也？盖肺主气不利而致嗽，虽痰火风寒湿热之所因，而实本于肺经之感受也。但肺为诸气之源，而统领腑脏之华盖，凡病自气而生者，莫不由夫肺气不利之所致也。在治者必须清气为先，分导次之。且如脾湿动而生痰，谓之痰嗽，宜当清痰理气可也。火气盛而伤金，谓之火嗽，宜当降火清金可也。设或寒气闭肺而致嗽，宜当发汗清寒，则嗽可止。风气乘肺而致嗽，宜当驱风理气，则嗽自安。又有湿伤肺金而致嗽者，宜当清湿敛肺，则嗽自除。洁古云，秋伤于湿，冬生咳嗽者，此也。丹溪又曰：午上[1]嗽者属肺火，午后嗽者属阴虚，五更嗽者，此食积生痰也。见风嗽者，乃风寒也；嗽而无痰者，火也；嗽而痰盛者，湿也；嗽而不接续者，虚也；嗽而有汗者，火也、风也；嗽而恶寒者，寒也、虚也；嗽而有血者，内损也；嗽而失气者，内伤也。大率嗽之为病，不止一端，治嗽之法，不拘一理，因其病而药之可也。虽然内伤外感、六郁七情之所来，而肺为统领之所受，在治者欲清其痰，不若理气为先，则嗽自止矣。

【治法主意】咳主乎寒，欬主乎火，嗽主乎痰。治肺之病，清痰理气为要。

霍　乱

霍者挥也，乱者变也。病起于仓卒，而挥霍变乱也。其症欲吐不吐，欲利不利，腹中绞扰不定，名之曰干霍乱也。若吐

① 午上：中午。

利并行，而腹中绞痛，坐卧不安，甚则转筋，名之曰湿霍乱也。河间曰：有声有物而吐利者易治，此邪气已出也；有声无物而躁乱不宁者难治，此邪气蕴蓄中焦，脾气之不行也。皆因口食生冷寒凉鱼鲜阴湿之物，或涉水弄冰，乘风避暑，露卧阴寒之地，是则脾胃感受得之，宜以温中散寒之剂，而佐以健脾之药，则吐利可止，而阴寒可散也。否则擅用发散之剂，非惟吐不可止，而利不可截，亦且服去之药，犹有提吐不止，以至吐之日久，手足厥逆，脉势空脱，死不远也，戒之！又有一种先腹痛而后利，先心痛而后吐，心腹齐痛，吐利并作，设有不止，甚则转筋，转筋入腹，必死之兆也。此皆阴阳错而不和，风木胜而不平，脾土被克之为害也，宜用炒盐布裹，浑身荡[①]熨，使气行痛止自可。设或转筋不止，以葱蒜捣烂，盦[②]脚心涌泉之穴，加火熨之，得热自止。又有一种内有所积，外有所感，阳不升而阴不降，乖隔[③]而成，内伤脾脏，蕴蓄中焦，则作吐利而不止者，其症遇汤吐汤，遇药吐药，亦宜理中汤，用之无有不安者矣。又有一种夏月受热而得之者，其症腹不疼，口多渴，心中烦躁不宁，吐泻清水不止，自汗面白，出言懒怯，宜以清热利水可也，如黄连香薷饮，或四苓散、益元散皆可。此症在夏月多有之，乃为热伤吐泻也，与前内寒吐泻大不相同，当临症而用心分别可也。又谓大凡吐泻未尽，切勿投以粥食，恐滞胃气，不吐不泻，挥霍变乱则难治矣。必待吐泻将有半日，胸中不胀，蕴蓄已去，方可与之。若吐利之后，脾气受亏，再不与之粥饮调治，则正气空脱，冷汗自来，手足厥逆，亦难治也。

---

① 荡：通“汤”，加热。

② 盦（ān 安）：覆盖。

③ 乖隔：阻隔。

又云：世俗所论吐泻之病，不可与之热汤，反与冷水饮之，况吐泻必脾胃虚弱而恶寒者矣，今则不以温热，而反行正治，其死可立而待也，戒之戒之！大率与水之症，在夏月可行，不若与之盐水可也。盐水可探其吐，得吐则不死也。盖干霍乱者，所受寒湿太甚，脾受制而不舒，气被①郁而不行，所以病起仓卒，上不得吐，下不得利，危甚风烛，霍挥变乱，俗谓绞肠痧是也。用盐水探吐可苏；或用针刺脉络，或用刺手指甲尽处，得出紫血自可；或以麻绳刮背，有红起紫瘖②即可；或以炒盐布裹熨痛处亦可。此治之常法也。

【愚按】吐利之症，宜以温中散寒可也。若世用藿香正气散，屡治而屡吐也。大率此药兼表甚多，有不能安其吐，而反提其吐也。又古方用理中汤、香砂丸而治吐利，此温中之药也，固可治之，殊不知服去又复吐也。如理中用参术之剂，不助其正而反助其邪也。如香砂用香燥大行，不行其邪，而反行其气也。不若只与二陈汤，大加炒黑干姜、香附、厚朴、白术等剂，治之无不应手。非惟吐之可止，抑且存中之剂，温热并行，则寒自散，而利自止也，可不妙哉？

【治法主意】霍乱不吐，死在须臾，吐利脉脱，温补自可。

泄　泻

《脉经》曰：泄泻多湿、热、食、气虚此四症例。又曰：泄者如水之奔泄，行去而有声，随气之来也；泻者如水之倾泻，来而流利，无声自行也。又谓泄则属气，从病轻；泻则由血，

---

① 被：原作“彼”，据文义改。
② 瘖：皮肤起小疙瘩。

从病重。泄则脾干于胃也，泻则胃干于肠也。《内经》曰：暴注下迫，皆属于火。岂可一例推乎？但泄有五焉，溏、鹜、飧、濡、滑是也。又曰：溏则便尚稠①，此湿胜其热也，治宜燥而实之；鹜如鸭粪溏，此寒胜其湿也，治宜温而导之；飧则米谷不化，此胃寒而脾不运也，宜以温而健之；濡则粪若水，此湿胜其寒也，宜以温而利之；滑则大便不禁，此脾虚而气脱也，宜用温补而升提之。乃治五泄之法也。又泻有六焉，脾、胃、肠、瘕、洞、食积是也。如或脾泻，胀而呕吐，是则寒湿损于脾也，宜以温而健之；胃泻色黄，食饮不化，此胃有虚寒也，宜当温而补之；肠泻则疼，或腹痛肠鸣，痛一阵而泻一阵也，此由脾气不利，阴寒留滞，宜以升提其气，又兼温而养之；瘕泻不便，后重窘痛，此因湿热蕴积，二便不利，气滞有动于火也，宜以利气之剂，兼用清凉；洞泻不禁，随屁而流出也，此因口伤生冷，腹受阴寒，宜以燥热之剂，兼以温补。乃治六泻之成法也。吾尝考之，凡泻心腹不痛者是湿；饮食入胃不能停止，完谷不化者是气虚；或欲泻不泻，或食去作疼，此痰食积为病也，治宜行痰去积可也。由是观之，泄泻之症，湿热、寒痰、食积为病最多，法宜补脾燥湿，分利消导为要，兼看时令、寒热、新久施治，用二陈汤加白术为主。如食积者加楂、曲，因于热者加炒连，因于寒者加干姜，因于湿者加茵陈、山栀，小便短涩不通者加车前、木通，胸腹胀满者加山楂、厚朴，后重加槟榔，腹痛者加木香，血虚者加归、芎，气虚弱者加参、芪，气虚下陷者加升、柴，口渴引饮不多者加萸、朴，大渴饮甚者加参、麦，飧泄加苍、朴，濡泄加芩、连、花粉，洞泄加

① 稠：原作"捆"，据赵本改。

吴萸、白术，鹜泄加萸、朴，飧泄加苍、朴，濡泄加姜、萸，滑泄加姜、术等类。此治泄泻之大法也。

【愚按】泄泻之症，必须健脾燥湿。盖脾喜燥而恶湿，喜温而恶寒，宜当平胃二陈为主，佐以和中之药，如苍、朴、香附、干姜，治不可缺。虚加白术，痛加吴萸，风加防风，寒加干姜，火加炒连，气加木香，或者气欲和之加香附，血欲养之加归、芎，食欲导之加山楂，虚欲补之加参、术，滑欲禁之加肉果，重欲下之加槟榔，下欲上之加升麻。此治脾之要略也，临症宜当审诸!

【治法主意】脾喜燥而恶湿，喜温而恶寒，吐泻脾病，当从脾治。

呕 哕 吐

吾尝考之，寒伤于脾则上吐，是知呕吐者，脾病也。又曰：哕因胃病，是知哕者胃病也。胃病则不能纳，所以恶闻食气而哕也。脾病则不能运，所以食饮不化而呕吐也。吐者有物无声之谓，此属乎寒；哕者有声无物之谓，此属乎火。呕者无物有声之谓，亦属火与寒也。何也？呕而若水痰涎，呕甚而方出，此则胃家之火也；呕而食物随呕而出，是则寒也。治者当以如是辨之，用药无不验矣。治疗之法，脾胃之病，不可外求，当从温治。脾尝喜温而恶寒，喜燥而恶湿，若偏于火论，而用苦寒之重，又不效矣；若偏于寒论，而用香燥之盛，则又不可矣。必于中和之剂，二陈为主，加以厚朴、苍术、香附、白术、炒黑干姜，使温中散寒，暖胃以和脾也。至于日久而哕者，少加姜炒黄连，此则从治之大法也。若腹痛者加[1]吴萸，脉脱者加人参，乃有安脾健运，不使再吐者也。有药入随吐者，临剂宜徐徐热服，不可通口，不可用骤，致使寒则不行，而又欲吐，骤则健运必难，而又复出，夫如是非其病之所生，亦皆调理之不当也。设或医家常与藿香正气散而为止吐之妙方，殆见多服而多吐也，此方有兼表药，表则升提其气，然气升则又吐也。凡治吐症，必欲温散，则存中而且守，必无再吐之症，未尝不验者也。又见呕吐之症，饮食不化，而用消导，山楂、曲、蘖、枳实并行，殊不知甚有实实虚虚之患。且如呕吐者，脾之虚也，脾虚当补可也，反以消导之药伤之，使脾虚而复加虚也，岂不谓虚虚之患乎？在治者存而度之，不可视人命如草芥，用当谨之。又有恶心之症，无声无物，心中兀兀，欲吐不吐，欲呕不呕，邪气泛心之状，故曰恶心实，非心经之病，皆因脾胃邪气有伤，邪正交争，乃作恶心。其症有寒有火，有虚有痰，有怔忡，有湿热，皆能致此恶心。法宜和胃为本，用二陈加白术、厚朴之剂，虚加人参，寒加干姜，火加炒连之类。

【愚按】吐之为症，非特寒火为然，亦因风者有之，湿者有之，暑热攻激者亦有之；气者有之，血者有之，气血攻击而作吐者亦有之；痰者有之，饮者有之，痰饮停聚而作呕者亦有之。大抵脾属土而位居中央，腑脏感受之邪，莫不由之而有伤于脾也，又寄为于四季，然四时之气，莫不由之而干于土也。所以治之之法，不在治邪，而在治脾为要也。且如脾胜则邪自去，脾健则土自安。吾尝以温中为主，行气兼之，则脾得其令，而土得其位也，何况邪之所侵而有呕吐之患乎？

---

① 加：原作“如”，据清抄本改。

【治法主意】吐由内寒不清，宜以温中散寒可也，非二陈、姜、术不能治。

吞酸　吐酸

吞酸与吐酸不同，皆因湿热之所生，《素问》以为热，东垣以为寒也。盖言热者，言其末也；言寒者，言其本也。吾又考之，吞酸者，由湿热积聚于胃，停滞饮食，致胃不能传化，如谷肉菜果在器，湿热则易为酸也，以致清气不能上升，浊气不能下降，清浊相干，使气逆于内，蕴蓄而成酸，欲吐复入，是为吞酸也。宜调胃气，清脾湿，用二陈加楂、附、苍、朴之类。吐酸者，谓吐出酸水如酸，平时津液随气上升，皆因湿流脾胃，郁积之久，湿中生热，故从火化，遂成酸味，上逆于口而吐出也。法宜清胃中之湿热，兼以健脾理气可也，用二陈加苍、朴、术、附、姜汁炒黄连治之，无不愈矣。由是观之，湿热之理明矣，本末之事见矣，《素问》、东垣之论亦可见矣。噫，湿热未成，当从寒治，非本而何？湿热已成，当从热治，非末而何？

【愚按】吞酸者，胃口酸水攻激于上，以致咽嗌之间，不及吐出而咽下，酸味刺心，有若吞酸之状也。吐酸者，吐出酸苦之水，皆由胃气不行，脾气不运，饮食痰涎，津液俱化为水，郁而少久，以成酸也。治疗之法，吞酸者，湿热欲成，当从寒治；吐酸者，湿热已成，当从火治。

【治法主意】吞吐者，木郁不能条达，宜当从治，少加降火，此顺其性也。

嘈杂　嗳气

《内经》曰：胃为水谷之海，无物不受。皆因纵性，过食酒、面、水果、生冷、烹饪难化等物，使清痰留饮聚于中宫而化为嗳气、吞酸之所由也。丹溪曰：嘈杂者，亦属食积有热，痰因火动之谓；嗳气者，胃中有火，膈间有郁之谓。郁火不散，则浊气冲逆于上而为嗳；痰积其下，则火不行而为嘈杂之症见矣。夫嘈杂者，是饥不饥，似痛不痛，有若热辣不宁之状，或兼痞满恶心，渐至胃脘作痛。治宜开郁行气，清痰降火，如朴附二陈汤，加姜汁炒山栀可也。痞闷加苍术，如久而不愈加当归、山药、茯苓、黄连、陈皮、甘草、生地黄、贝母之类，此养血健脾自可。嗳气者，清气下陷，浊气泛上，不得[1]顺行之谓也。又曰：脾胃虚弱，不能健运，积滞蕴蓄，冲逆于上，而嗳发大声者也。如胃有稠痰，膈有郁火，致令发嗳，则嗳不得顺畅，若气逆而难起也。治法俱宜开郁行气，而兼清痰降火之剂，如二陈汤加朴、附、山楂、炒连治之可也。

【愚按】嗳气嘈杂之症，切不可用白术，盖白术补脾之药也。嗳者气之不顺，嘈者火之不行。然气有不顺，则当顺气可也；火有不行，则当降火可也。至若不顺不行，而反用补气之剂，则助气反盛，可谓闭门逐盗，盗自何出者也。虽然白术有为脾家之圣药，惟嗳气、嘈杂之症，决不可用也。

【治法主意】嗳气、嘈杂，此郁火也，宜当开郁降火，亦当从治。

---

① 得：原作“待”，据清抄本改。

卷三

气　论

《内经》曰：人以气为本，一息不运则机缄穷，一毫不续则穷壤判。阴阳之所以升降者，气也；血脉之所以流行者，气也；腑脏之所以相生相养者，亦此气也。盛则盈，衰则虚，顺则平，逆则病，此气之所以为然也。气也者，莫非人之根本也；气也者，亦皆疾病之所由也。子和云：诸痛皆生于气，诸病皆因于气。诚哉斯言也。丹溪曰：是气也，常则安，顺则生，导引血脉，升降三焦，周流四体，而为生生之元气也。逆则祸，变则病，生痰动火，升降无穷，燔烁中外，血液稽留，为积，为聚，为肿，为毒，为疮疡脓溃之所生也，皆由此气之为然。或充乎腑脏，溢乎经络，胶乎咽膈，为呕，为嗽，为关，为格，为胀满，为淋沥、癃闭、疼痛之所由也，亦因是气之所发也。何以治之？但《局方》不分寒热、表里、虚实之类，屡用香、热、辛、燥之药以治，失乎轩岐先师之大旨也。《本经》曰：寒则温之，热则清之，虚则补之，实则泻之，在表者发散之，在里者分利之。此则治气之法也，吾尝效而用治。然于气病动作之初，非辛温之剂不可散，非苦寒之剂不可平，必以二陈为主，辛温之中，少用苦寒之药。如喜动心火，加黄连、犀角；怒动肝火，加黄连、青皮；悲动肺火，加山栀、黄芩；恐动肾火，加知母、黄柏；思动脾火，加黄连、山药；惊动胆火，加黄连、胆星；食动胃火，加黄连、山楂；又有秘结而动大肠之火，加黄连、枳实；溺涩而动小肠之火，加山栀、木通。或曰：诸病皆因于气，动火固宜如此，而诸病皆生于气，治法当何如哉？又曰：破滞气须用枳壳，开郁结须用陈皮，行痞满必须枳实，解腹胀可用青皮。又云：三棱、蓬术能破结气，香附、乌药能行血气，木香、砂仁能和中气，苍术、厚朴能理脾气，肉桂、茴香能温肾气，杏仁、桑皮能泻肺气，生地、麦冬能养心气，白术、茯苓能健胃气，紫苏、麻黄能散表气，干姜、吴萸能温中气，人参、黄芪能补虚气，芒硝、大黄能通结气，此治气之神药也。若以二陈为主，即将此剂加减用之，则治之无不验，而用之无不神矣。俗云：气无补法。以其痞满壅塞，似难于补。不思正气虚而不能运行，邪气着而不出，其为病也，将何以乎？经云：气虚不补，何由以行？所以气虚之人，必用参、芪以补之。此《本经》治中满、鼓胀、噎膈之症，塞因塞用，正谓此欤！若临气症用参、术而不去病，反有气急满盛而不顺，乃邪临正位，不得助正而反助其邪也，必死之兆，难可救乎。《脉经》又曰：下手脉沉，便知是气，沉极则伏，涩弱难治，其或沉滑，气兼痰饮，沉紧痛盛，痛极又伏，濡细则湿，湿伏又见。读者味之，非惟治气之理明，而诊脉之验则又妙矣。

【愚按】《内经》曰：根于内者，命曰神机；根于外者，命曰气立。盖机无神不动，立无气不生。气也者，天地万物之所共由者也。如善养者非惟无病，亦且可以延生；戕贼[1]者非惟多疾，亦且销剥损寿。故圣人定之，以中正仁义而主静，此养气也。朱子必使道心常为一身之主，亦养气也。孟子善养吾浩然之气，使不动其心，而示人于养生也。为何如哉？盖天地万物，本吾一体，四时行，百物生，莫非妙道精义之发，腑脏和，

---

① 戕（qiāng 枪）贼：摧残，破坏。

荣卫行，而一身安有疾病之所生也。

【治法主意】气莫贵于善养，郁莫贵于善开，此治气之法也。

血　论

经曰：呕吐咯衄，气虚脉洪，火载血上，错经妄行，溺血便血，病同所因。又曰：心主血，肝藏血，脾裹血。盖脾无所裹，则肝无所藏，心无所主也。吾见目得血而能视，足得血而能步，掌得血而能握，指得血而能摄，此脾有所裹，肝有所藏，心有所主也。又谓心主血，肝纳血，肺主气，肾生气。夫人身之血气，精神之所依附者，并行而不悖，循环而无端，以成生生不息之运用尔。若夫暴喜伤心，则气缓而心不主[①]血，故肝无所受；暴怒伤肝，则气逆而肝不纳血，故血无所依。又有房劳太过，郁怒反加，以致阴火沸腾，而血从火起，故错经妄行。是以从肺而溢于鼻者为衄血，从胃而逆于口者为呕血，从肾而出于唾者为咯血，从嗽而来于肺者为欬血。又谓痰涎血出于脾，暴怒血出于肝，呕吐血出于胃，房劳血出于肾，忧思血出于心，劳力血出于三焦，悲苦血出于心包络，淋沥血出于小肠，溺带血出于膀胱，肠风痔漏血出于大肠。若谓留结于肠胃之间而成积者为血痢，留积于胞络之中而成块者曰血瘕，留积于经络之中而不行者为瘀血，留滞于肌肉之间而作痛者为肿毒，此皆血之为病也。丹溪曰：血从下流者为顺，则易治；血从上溢者为逆，则难治。子和云：口鼻出血，是皆阳盛阴虚，所以有升而无降也。东垣曰：血从气上，越出上窍，法当补阴以抑阳，使

① 主：原作“出”，据赵本改。

其气降则血归于经也。大抵用治之法，俱宜四物为主，当去川芎、熟地，用生地、玄参、天花粉、童便为要，然后佐以各经泻火之药，如因于心火者加黄连，因于肺火者加山栀，因于肾火者加知母，因于脾火者加黄连、甘草，因于肝火者加黄连、羚羊角，因于小肠火者加木通、山栀，因于大肠火者加条芩、枳壳，此治诸血奔逆之大法也。大率血之妄行，不可正治，一于寒凉之药，血虽稍止，有伤胃气，非惟治火之不下，抑亦郁遏火邪而不出，致使谵语、妄语，似狂之所为，死期迫矣。殊不知丹溪又曰，吐血久而不愈者，乃服凉药过多，当用温补，健理脾胃，使脾和而能裹血可也，用四物汤去川芎加人参、白术、炒黑干姜之剂。戴氏亦云，凡血久不愈者，或病久而体弱者，宜用温剂，亦此之谓欤！

【愚按】血者依附气之所行也，气行则血行，气止则血止。周于身循环而无端者，气也；呼吸间往来①相统相承者，血也。气与血附之而不移，阴与阳合之而既济。否则气离其血，则气出而不返，有为脉脱之症，然去死之机而不远矣；血离其气，则血瘀积而不流，有为痈疽溃烂之症而妄作矣。所以呼吸之间，气从呼出，得血流之而自返，故谓之呼。然而橐龠②之间，随阴阳之升降也，气血之流行也。设若阴不升而阳不降，气妄行而血自流，殆见溢于上为呕、为吐、为衄衊③之所由也，散于下为淋、为带、为便溺之所使也。治者当以气而平之，致令血归于经，而血不妄行者可也；又以血而和之，致使气归于血，而气不妄动者可也。治血之法，全在兹乎。

---

① 往来：清抄本作“表里”。

② 龠：“籥”的本字。

③ 衊（miè 灭）：鼻出血。

【治法主意】血由气所依，气由血所附，治血之症，必先治气可也。

汗

东垣曰：人之汗犹天地之雨也。阴滋其湿，则为雾、露、雨也。阴血内攻，则使汗出如雨也。阴邪内入，随汗之所发也。但汗不可太过，多汗则亡阳也。若阴闭其邪，非发汗不能疏泄其邪也。盖汗由血化，血自气生，在内为血，发外为汗也。又汗乃心之液，自汗之症，未有不由心肾俱虚而得者。阴虚阳必辏①，发热而自汗；阳虚阴必乘，发厥而自汗，此阴阳虚实之所致也。治疗之法，阳虚阴必乘，宜用生脉散，敛而实之；阴虚阳必辏，宜用当归六黄汤，收而敛之。又有盗汗之症，皆由阳胜，不能养心以自守，阴虚不能外护以自持，致令津液耗散，腠理不密，因静而内攻，故睡而汗出者焉，醒则阳气自泄，汗必止而不复出矣，故谓之盗汗。非若自汗之症，所出不时，所觉不止者矣。大率自汗由阳虚所致，盗汗因阴虚所乘。阳虚者，心气之不足，宜以收而敛之；阴虚者，肾气之不足，宜以补而实之。《举要》曰：自汗阳亏，盗汗阴虚，东垣有法，对症可施。

【愚按】汗症，非惟自汗、盗汗，亦有头汗者，谓头面多汗，或食汤饭酒面，使热蒸于上，则头面汗出，淋漓疏泄，故谓之头汗。此阴虚不能以附阳也，宜以当归六黄汤治之。又有心汗者，当心膻中，聚而有汗，皆因多思有伤心脾，致令汗出心孔，宜以生脉散，或六味地黄丸敛之。又有阴汗者，谓至阴

① 辏：车辐聚于毂，引申为聚集。

之处，或两腿挟中，行走动劳，汗出腥秽，宜以泽泻为末，盐汤下之。或有鼻汗者，凡遇食饮汤饭，则鼻上多汗，此肺虚乘热也，宜以益肺凉血，可用人参固本丸。又有腋汗者，两腋之下，遇动彻则有汗，此肝虚乘热也，宜以补肝养血，可用六味地黄丸。亦有手足有汗，遇天寒则汗多，此阳盛其阴也，宜以抑阳补血，可用滋阴补肾丸。

【治法主意】敛汗必须酸枣，无滋阴则汗不收，俱以四物为主，阳虚佐以参、麦，阴虚佐以参、芪。

惊 悸

惊者，默然遇惊，身心皆动而神不自宁也；悸者，偶尔存想，心有所惧，惚然所惕也。惊从外入，自外以惕内也；悸由内生，自内以警外也。惊则心不自安，神不自守，梦寐不宁，起居不定，如呆如痴，饮食恶入，是则为惊。然惊当安神定志可也，治宜养心汤，或安神定志丸。悸则搐动心志，摇头气撺①，或默或想，如畏如惧，默想不来，警然而惕，是则为悸。然当清痰理气可也，治宜芩连二陈汤，或牛黄苏合丸。又有心虚而郁痰，或耳闻大声，目击异物，心为物忤，是则为惊，乃痰因火动也，治宜归术二陈汤加芩、连、枣仁。若心气太虚，神不自守，如物所惑，忽然而惧惕者，亦当作悸治之，乃心为痰所迷也，治宜枳桔二陈汤加归、术、参、麦。如心血虚少而发惊悸者，治宜猪心血丸。此治惊悸之活法也。

【愚按】心家之病，当从心治可也。若心有不宁，此邪自外生也；心有不安，此血自内虚也。血虚者，当养血以补心；邪

① 撺：乱跑。

胜者，当清气以豁痰。否则清补相反，非惟痰愈胜而心愈虚，呕吐反加，饮食不入，则去死之机不远也，其何以乎？

【治法主意】治惊莫若安心，治悸莫若顺气，心气既宁，惊悸必除。

怔忡

怔者，征也，如将征战者也。忡者，冲也，如忡冲未得疏也。是皆心脾之病，多因事有不谐，思想无穷，因气盛血少，偶尔遇惊受气，致令气郁生痰，或痰因火动者也。又曰：怔则心胸之气，左右攻击，聚而不散，搐动中焦，如将征战者也，致令心有所动，郁烦躁扰，懊侬不宁，坐卧难安，甚则恶心呕哕，欲吐不吐之状。治当安心养血，清痰理气之剂，如二陈汤加归、术、人参、姜汁炒山栀，久病去半夏，用贝母。忡则气上冲心，若胃口所起者有之，若丹田所起者亦有之，皆因在下浊气，搐动中焦，致使心有不宁，气有不舒，烦乱躁扰，跳动无时，甚则呕哕恶心，所吐饮食，得汗少苏，遇气又发。治当二陈汤加姜水炒黄连、归、术、人参之类，如火盛不吐者，去半夏，用生连、贝母。

【愚按】怔忡之症，虽从火治，痰因火动之谓也。又不可专治其火，大用寒凉之药，使邪气反胜，正气反衰者乎。亦不可专理痰气，有用香燥之剂，使火又动，而怔忡尤甚者乎。殊不知心属火，治火之症，当养其心，若心有所主，则无妄动者矣，怔忡之症，何期不痊也耶？在治者当以是而求之。养血补心，治之本也，清痰理气，治之末也。虽用苦寒之药，必须姜制，不可多用，勿纵其性而升之；虽用清痰理气之剂，当以补养为先，清理佐之。此施治之大法也。

【治法主意】怔者血之虚，忡者火之盛，养血则怔自安，降火则忡自定。

健　忘

健者，建也，如健立其事，随即遗忘也。此症皆因情思不乐，思想无穷，神不自守，心不自安，致使血气耗散，痰涎迷惑，遇事遗忘，名曰健忘。又有老人而多忘者，此则老人气血衰弱，神思昏迷，精神不守，志意颓败，谓之健忘。又有心气不能专主，脾气不能善思，随事可应，不能善记，谓之遗忘。或者痴愚之人，痰迷心窍，遇事不记，或记而即忘，亦谓之健忘。如或聪明之人，非不能善记，或多记而后忘，此因心事多端，游心千里之外，心不专主，随记随忘。大抵健忘之症，固非一端，而所得之病，皆本于心也。

【愚按】健忘之症，遇事而应答不周者，然其心事有不定也，宜当补养心脾，而善能可记，用之天王补心丸。有问事不知首尾，作事忽略而不记者，此因痰迷心窍也，宜当清痰理气，而问对可答，用之牛黄清心丸。若老人虚人，而遇事多忘者，宜以补养心血，用之养心汤、定志丸。若痴若愚，健忘而不知事体者，宜以开导其痰，用之芩连二陈汤。大率健忘之症，皆由心脾之所得也。盖脾主思，心主应，多思则伤脾，多应则伤心，思应太过，则心脾不守。如心不守而无所主，脾不守而无所纳，主纳皆无，事不决矣。健忘之症，自此而出，治者当因其所发而遂明之，则治之无不验也。

【治法主意】补养心脾，而善能可记，开达心孔，而不能遗忘。

恍　惚

恍者，疑而未定之象；惚者，似物所有之谓。盖恍由心之所感也，惚由心之所惧也。多思则见恍，多虑则生惚。恍则如有所似，在前在后，似物非物，疑而未定之象，皆因心气之不足，神思之不宁也。治宜宁神定志之剂，如朱砂安神丸之属。若惚者，心无所主，事无所周，决而不定，疑而未通，为物所有，或见于前，或恍于后，若鬼若神，恐惧不宁之象，此因心气之空虚，精神之不守也。治宜养心壮志之剂，如养心汤、定志丸之类。

【愚按】志由心出，事由心定，心气不足，则神志不宁，而果决之无方矣。其人昏昏愦愦，精力颓败，遇事而有恍，遇物而有惚，何况恍惚之症，有不至者乎？噫，如颜子体圣人之道，则曰瞻之在前，忽然在后，非圣人之道，而在前后之不定也。实颜子之心，而好道之诚，如前如后之所在也。朱子又曰：在前在后，恍惚不可为象。此理之可明，而恍惚之症，治之无难矣。

【治法主意】恍因心不定，惚因心不安，此皆心血之虚也，宜以安神养血为要。

虚　损

虚者，气血之空虚也；损者，腑脏之坏损也。《内经》曰：肝肾之阴升，心肺之阳降，而为平和之气血也。如或斫丧无度，负重劳伤，或梦遗精滑，或淋沥带浊，以致精血耗散，阳火燔腾，此为阴不升而阳不降，以成虚损之症者，乃阴虚也。又有内伤之症，饮食不节，起居失时，奔驰劳碌，或伤筋动骨，或忧思郁结，以致心肺之阳失守，肾肝之阴不生，此为阳不升而阴不降，以成虚损之症者，乃阳虚也。东垣曰：内伤发热，是谓负重奔驰，阳气自伤，不能升达，自伤阴分，而为内热，此阳虚也，其脉大而无力，以属脾肺之病。阴虚发热，是谓精元失守，阴血自虚，不能制火，使阳气升腾而为内热，此阳旺而阴虚也，其脉数而无力，以属心肾之症。吾尝辨之，阳虚多痼[①]冷，阴虚多积热；阳虚则面无精彩而形体瘘弱，阴虚则气急咳嗽而盗汗发热。此其阴阳不能和平也，水火不能既济也，荣卫不能流行也，百脉不能荣养也，腑脏不能灌溉也，表里不能卫护也，故得虚损否极[②]之症，未尝其有能生者焉。其症百节烦疼，腰酸脚软，或胸闷短气，心烦不安，或耳鸣目眩，咳嗽寒热，或盗汗遗精，白浊飧泻，或食少无味，不作[③]肌肤，或睡中惊悸，午后发热，或怠倦无力，四肢不收，或虚火上攻，面赤喘急，此皆虚损之症。有一症见，即当因其病而药之可也。但视其症之不大，茶饭可餐，起居可动，作为可施，自以为生，孰知其后，卧床不起，去死不远，若欲收救，不可得也。吾见损于心者伤其荣，宜以安心而养血；损于肺者伤其卫，宜以益肺而养气；损于脾者节饮食，亦以和中而健脾；损于肝者戒暴怒，亦以开郁而行气；损于肾者绝其欲，补其精，坚其骨，益其髓。此治之之大法也。若《局方》用温热之剂以劫虚，盖脾得温而食进，亦且暂可，又不知质有厚薄，病有浅深，设或失手，将何收救？决不可用大热之药，以济阴虚者此也。又谓丹溪剂用苦寒，以治其阴火，亦不知苦寒虽除其热，则真元不能

---

① 痼：指疾病经久难愈。
② 否（pǐ 匹）极：犹言极重。
③ 作：生出，长出。

以自生，肾水反被其所害，而去死之机，有不远也。故经曰：阴虚火动亦发热，勿骤凉治。虚热勿以凉药为治，轻可降散，实则可泻，重者难疗，从治可施。虽曰从治，或服苦寒之剂太多，但可行于一时，亦非终身调治之大法也。若千载不易之法，必须不寒不热，和中之剂而为温补之药，以调养之，则阴可升而阳可降，精可生而神可足，使气血有以依附，腑脏有以和平，虚损之症，可以挽回者矣。

【愚按】虚损一症，如虚者，气之虚也，血之虚也，阴之虚也，阳之虚也；损者，损于心则惊悸怔忡，损于肺则痰涎欬嗽，损于脾则饮食逆害，损于肝则吐衄筋挛，损于肾则骨痿少气。此虚损之所由也，治者当因是而推之，各归其条而用治。且如气之虚者，必劳力，必失饥，必强涉于道途，以致元本虚者，则曰内伤元气之虚也，当用补中益气汤治之。血之虚者，或吐衄，或崩漏，或大小便下血，以致血室虚者，则曰内伤阴血之虚也，宜以四物加减用治。阴虚者，真阴之虚，若斫丧，若梦遗，以致真阴之不守，元本之空虚，精血之耗散，而为阴虚之不足，宜用十全大补汤主之。阳虚者，真阳之虚也，若自汗，若痼冷，以致真阳之不足，而为阳虚下陷之症，宜用生脉散、人参理中汤，或补中益气汤，当因其症而用之。大抵虚损之药，不可大热，不可大寒，不可大补，必须温养之剂，通和荣卫，发生真元，致使精神内守，血气内和，而复天赋之禀受乎。否则，损于肺者，皮聚而毛落者死；损于心者，血脉虚少，不能荣于腑脏者死；损于脾者，肌肉消瘦，食饮不为肌肤者死；损于肝者，筋缓不能自收持者死；损于肾者，骨痿不能起于床者死。

【治法主意】阴虚补其阴，阳虚补其阳，补阳不可以伐阳，补阴不可以损阴。

痨　瘵

痨者，劳也，劳损气血而为病也；瘵者，败也，腑脏败坏有难痊也。经曰：痨瘵阴虚。如阴虚当补其阴，今也不补其阴，而反斫丧其阴，是则阴常不足，阳常有余，恁意所为，随性所出，而成痨瘵者多矣。吾尝嗟而叹之，人之生也，充禀天地至灵之气，宜乎保养真元，固守根本，则万病不生，四体康健者矣。否则精元失守，疾病蜂起，如大厦将巅，有工不足为之计，有力不能以自持，坐视其倾覆耳，其何以乎？故曰：诸病莫难于劳症，言其真脏病也。丹溪又示之曰：痨症者，因其年壮不知事体，气血充满，妄将酒色以嗜贪，日夜思想以无度，劳伤心肾，耗散真元，遂使相火妄动，燔烁中外，津液失守，咳嗽内促，肌肉消化，痰涎壅盛。由是体热自骨所出，精神虚败，泄泻不食，气急痰喘见焉，盗汗羸瘦生焉，谓之火盛金衰，血虚气旺之症。重则半年而毙，轻则一载而亡，况治者不究其源，不穷其本，或见火胜投之以大寒之剂，或见阴虚攻之以大热之药，妄为施治，绝无可效之理。殊不知大寒则愈虚其中，大热则愈竭其内，故世之医劳者，万无一痊者焉。又不知温养之剂，亦能滋补真阴，虽有功验见迟，而实为治本之要药也。用以归、芎、知、贝、玄参、花粉、麦冬、枣仁之属，此温而补之，即经所谓温存调养者也，使阴可升而火可降，血可生而气可和也。偏治之论，岂宜也哉？又必审其脉之可否，症之虚实，如气虚加人参，泄泻加白术，咳嗽加阿胶，火胜加山栀，热胜加黄芩，心烦加生地，咯血加犀角，自汗加黄芪，相火动加盐酒炒黄柏，腰疼加杜仲，骨痛加牛膝，夜热加骨皮，昼热加丹皮，遗精加枸杞，阳虚加山萸，此施治之大法也。再审其脉之可否，如《脉经》曰：骨蒸劳热，脉数而虚，热而涩小，必殒其躯，如汗加嗽，非药可除。此为大损之症也，亦要调养少可，须绝房室、断妄想、戒暴怒、节饮食，毋劳其筋骨，毋伤其气血，以培其根，益其虚，补其损，然后服药调治，必兼治骨之剂，合成丸剂而服之，如龟甲、鳖甲、五味、熟地、鹿茸、虎骨之类，无不可也。不然，病之新而浅者，或有可生，久而困者，难为调理，及至传尸之地，又何得而瘥也耶？诚可惜乎！

【愚按】劳之一症，劳伤气血。盖气血不能周流，滞塞脉络，郁而成湿，遏而成热，湿热生虫谓之痨虫，热汗内聚谓之骨蒸，如汗加嗽谓之劳嗽。热多痰盛，肌肉消瘦，痰胜则重，肉消则死。故曰：劳伤心肾而成劳者，色欲过度而成劳者，又有久疟不止而成劳者，吐血伤力而成劳者，久病欬嗽而成劳者，久病脾虚而成劳者，有因传染而成劳者，症虽不同，宜各调治。吾尝考之，五劳之症，郁怒太甚，不能发越，久而蓄积，谓之肝劳；喜乐太过，耗散精血，神不能守，谓之心劳；忧愁悲苦，日夜思想，阴不能静，谓之脾劳；忧愁悲苦，情不能乐，郁遏生虫，谓之肺劳；色欲无节，斫丧无穷，精血耗散，谓之肾劳。此所谓劳于五脏，即生五虫者也。何也？虫因气化，气聚则生，气热则长，气衰则胜，气去则出。所以治虫之药，不能刑于五脏，而五虫之症，不能效验于今古也，哀哉！

【治法主意】凡治劳损，不可伐肾。然肾当补而勿泻，五劳之症，由肾所出，补肾而兼用骨药，所治自可。

眩　晕

《脉经》曰：头眩旋晕，火积其痰，或本气虚，治痰为先。丹溪曰：眩晕者，痰动于气也。经又曰：诸风掉眩，乃肝木。又谓眩晕动摇，痛而脉弦。盖见热甚则生风，气胜则生痰，木胜则生火，皆因金衰不能以平之也。其症发于仓卒之间，首如物蒙，心如物扰，招摇不定，眼目昏花，如立舟船之上，起则欲倒，恶心冲心，呃逆奔上，得吐少苏，此真眩晕也，宜以二陈汤加厚朴、香附、白术、炒黑干姜之类。又有体虚之人，外为四气所感，内因七情所伤，郁结成痰，令人一时眩晕者有之，但目暗口噤，头痛项强，手足厥冷为验也，亦前方加当归，有火者加姜汁炒山栀，有热者加酒炒黄芩。有因于风者，则脉浮、自汗、恶风、项强不仁；因于寒者，则脉紧、无汗、恶寒、筋挛掣痛；因于暑者，则脉虚、烦热、有汗、躁闷不宁；因于湿者，则脉濡、吐逆、恶心、胸满、腹胀。此六气外感而眩晕也，亦宜前方用治，如风加防风，寒加紫苏，湿加苍术，暑加黄连。至于七情内伤，郁结中焦而为痰饮，随气上攻，令人头眩，此气虚生痰而眩晕也，亦宜本方去干姜，加生姜、山楂。亦有醉饱房劳，损伤精血，肾家不能纳气归元，使诸气逆奔而上，此气虚而眩晕也。吐衄崩①漏，肝家不能调摄荣血，使诸血错经妄行，此血虚而眩晕也。亦宜本方去半夏、厚朴，气虚者加人参、麦冬，血虚加当归、童便。又有早起而眩晕者，须臾自定，日以为常，乃为之晨晕，此阳虚之不足也，宜以补阳则晕自止。日晡而眩晕者，亦为之昏晕，得卧少可，此阴虚之不足也，宜以益阴则晕自定。益阴，本方中可加归、芍；壮阳，本方中可加参、芪。又有眉骨痛者，即眼眶眉棱骨痛也，此症皆因血虚生风之谓，在妇人多有之。妇人经行将尽，不能安养，反以针指劳目，致令眉骨酸疼者焉，宜以养血益阴可也，治用四物汤加酒炒黄芩之类。若男子眉骨疼，皆因多怒之人，怒蓄

① 崩：原作"奔"，据医理改。

不得发越，致伤肝木，木能生风，令人头目昏眩，眼合难开，致生眉骨酸疼，宜以贝母二陈汤加归、芎、生地、连翘、玄参、天花粉、酒炒黄芩之类。经又云：治眩晕法，犹当审谛①，先理痰气，次随症治，或者虚当补之，实可泻之，外感者发散之，痰饮者消导之，全在活法，不可执一。虽因风者，不可用风药甚多，恐助火邪，反动其痰，使眩晕之太盛，又不可治者矣。

【愚按】眩晕之症，有虚有实。实则清之，用二陈等治。虚则如用二陈，恐伤正气，有为虚虚之患乎，不若更加审治。且如阴虚不足而眩晕者，劳力过伤而眩晕者，产后去血过多而眩晕者，精血竭尽而眩晕者，然则所晕皆同，而所得与前不一，必以四物为主，加减用治。如阴虚者，本方加参、术、炒黑山栀；劳伤者，补中益气，加酒炒黄芩、玄参；产后者，四物汤去芎、地，加童便、益母；精血虚者，四物加枸杞、牛膝、酒炒黄柏。又有火晕者，目暗生花，起则欲倒，冷汗自出，亦宜四物加参、芪、童便、五味。设或有用二陈之症，在初病时，呕逆恶心，无此不可也。苟能二陈施之于先，四物调治于后，则万举万全者也。

【治法主意】头眩旋晕，有痰者多，血虚与热，分经治可。又谓非火不能致其晕，非痰不能致其吐，吐泄其气易治，晕不得吐者，气不得泄涉乎②。

① 审谛：慎密。
② 乎：原脱，据清抄本补，赵本作“耳”。

卷四

头痛附头风

经曰：头风头痛，有痰者多，血虚与热，分经治可。又曰：风生于春，气行肝俞，病在于颈[①]项，令人头痛，久而不愈，亦成头风。此大意也。若谓体认治之之法，诸阳皆会于头面，惟足太阳膀胱之脉，起于目[②]锐眦，上额交巅，令人头痛，则曰巅顶痛，非藁本不能治；入络于脑，还出下项，则曰脑尽扯痛，非黄芩、山栀不能止。足少阳胆经之脉，亦起于目锐眦，上抵头角额尖，令人头跳痛，或若针痛，名之曰头角痛、两额痛，非酒洗龙胆草不能除。又有外感风邪从上受之，名曰头风，非防风、白芷不能出。半边痛者，亦曰偏头风，必眼鼻半边气有不利，非细辛、羌活不能疗。又有风寒克于头，令人鼻塞声重，自汗恶风，此伤风之头痛也，治宜解表驱风，与之芎芷香苏散，疏邪自愈。又有邪从外入，客于经络，令人振寒头痛，寒热往来，治宜十神汤，汗之则愈，此为伤寒之头痛也。或者头痛耳鸣，九窍不利，肠胃之所生，此则内虚之故，治宜补中益气汤，补之则愈，乃气虚之头痛也。又有心烦头痛，病出于耳，其络在于手足少阳二经，其症自耳前后痛连耳内，痛甚则心烦，治宜黄连、山栀之属，泻之则愈，此为火热之头痛也。亦有浮游之火，上攻头目，或连齿鼻不定而作痛者，此为风热

---

① 颈：原作“劲”，据赵本改。
② 目：原作“脉”，据医理改。

之头痛也，治宜玄参、天花粉、连翘之属。或有湿热头痛者，头重不能移，自汗不能止，头如火，痰如涌，治宜稀涎散，吐之则愈，此为痰厥之头痛也。亦有寒湿头痛，首如裹，面如蒙，恶风恶寒，拘急不仁，斯因雾露之所中，山岚之所冒，治宜苍朴二陈加紫苏，汗之亦愈，此为寒湿之头痛也。又有头皮痛者，枕不能安，手不能按，亦由浮游之火上行，当以轻扬散火可也，如芩、连、山栀、天花粉、玄参、连翘之属。或有脑后痛者，有似扯痛跳动，举发无时，此痰与火也，宜以清痰降火自可，如芩、连、花粉、贝母、酒洗大黄之属，元虚者去大黄，加菊花叶七片。又有偏头痛者，发则半边痛，然痛于左者属气，此气胜生风也，宜以驱风顺气为先，如防风通圣散之类；痛于右者属痰，此风胜生痰也，治宜清痰降火为要，如贝母二陈加芩、栀、甘菊之属。有真头疼者，其痛引脑巅，至泥丸宫，面青，手指青[①]至节者死。又曰：旦发夕死，夕发旦死，慎不可治。有厥逆头痛者，其症四肢厥冷，面青呕吐，皆因大寒犯脑，伏留不去，故令头痛也，宜以大温中之药与之，或灸巅顶泥丸宫。亦有头痛连齿亦痛，必治阳明经火，如升麻、石膏之属。大抵高巅之上，惟火可到，故用味之薄者，为阴中之阳，取轻扬而亲上者也，如玄参、花粉、连翘、芩、栀之类。慎不可偏于风治而专用风药，偏于火治而一[②]于寒药。使寒胜之剂，非惟不可上行，亦且伤于肠胃，气滞不行，其痛尤甚。偏于风治，如用风药，则香燥动火，而反生痰，症亦变重也。必须轻扬降火之剂治之，少兼风药，乃无害也，此法最当。设或虽有三阴三

---

① 青：《黄帝内经太素》卷二十六作“清”。寒冷。

② 一：原作“亦”，据赵本改。

阳之异，俱以二陈为主，随其脉症而用治。如太阳头痛，则恶风脉浮紧，加以川芎、羌活、麻黄之类；少阳头痛则脉弦，其症往来寒热，加以柴胡、黄芩之类；阳明头痛，自汗发热，恶寒，脉浮缓，加以葛根、白芷，脉实大者加升麻、石膏、酒洗大黄之类；太阴头痛，有痰体重，或腹痛痰癖①，其脉沉缓，加以厚朴、苍术、半夏、黄芩之类；少阴头痛则经不流行，而足寒逆冷，其脉沉细，加以麻黄、四逆之类；惟厥阴经不至头，脑后项扯痛，或痰吐涎沫，其脉浮紧，加以山栀、芩、连、青皮之属。又有血虚头痛加川芎、当归，气虚头痛加人参、黄芪，气血俱虚，调血养气之剂，如八物汤可也，少加甘菊、黄芩之类。亦有白术半夏汤，治痰厥头痛之药也；羌活附子汤，治厥阴头痛之药也；天麻防风丸，治伤风头痛之药也。设或头风之症，亦与头痛无异，但有新久去留之分耳。浅而近者名曰头痛，深而远者名曰头风。头痛卒然而至，易于解散也；头风作止不常，愈后触感复发也。经不云乎，头风头痛，有痰者多，血虚与热，分经治可。大概以清痰为主，而佐以补泻之药可也。

【愚按】头痛之药甚多，分治之例不一。且如诸风头痛，非防风、白芷不能除；诸寒头痛，非麻黄、细辛不能疗；诸火头痛，非黄芩、山栀不能驱；诸湿头痛，非羌活、苍术不能去；诸痰头痛，非半夏、南星不能散；诸气头痛，非葱白、紫苏不能清。此治痛之要药也。又曰：头为诸阳之首，位高气清，必用轻清之剂，随其性而达之。殆见川芎治头痛，因其性而升上；连翘治头痛，因其辛散而微浮；玄参治头痛，因其肃清而不浊；藁本治头痛，因其气胜而上升；蔓荆子治头痛，非风热莫能疗；

① 癖（pǐ 匹）：痞块。

石膏治头痛，非胃火不可加；薄荷治头痛，非惊痫不可攻；荆芥治头痛，非血风不可用；升麻治头痛，非阳邪下陷不可行；天麻治头痛，非风热上行不可治；当归治头痛，非阴虚之症不可陈。又有头风之论，宜乎凉治可也，不可专泥风药，使风入于脑，再不可拔，亦不可大与坠火之剂，使风从眼出，有害于目，俗云医得头风瞎了眼，此之谓也。

【治法主意】初宜发散，久从火治，不可专攻风药，而变为头风。

心痛附胃脘痛

经曰：心痛脾疼，阴寒之设。丹溪曰：心痛有九种，不可尽述。夫所谓心痛者，亦非真心痛之症，即胃脘痛者是也。盖脾喜温而恶寒，然阴寒相抟，则聚而作痛者矣，故曰心脾痛。若心者，一身之主，诸经听命于心，然心有所病，诸经亦无所主也，岂可心病其疼自此出乎？尝见心之痛者，有寒，有火，有食，有气，有郁等症生焉。且如疼之一症，发之于脾，冲及于心，有似心痛者也，故名之曰心痛，而实非真心之痛也。若真心痛者，指甲青黑，手足逆冷，六脉空脱，或疾数散乱，旦发夕死，夕发旦死，无药可疗者也。今之痛者，有因热而作痛，此乃胃火，手足温暖，面带阳色，呕吐酸水，或口渴欲饮，饮入即吐是也，宜以二陈汤加厚朴、干姜、姜炒山栀、香附之类。又有一种饮食不节，失饥伤饱，积聚中脘而作痛者，亦名心脾痛，其症遇食作疼，胸膈饱闷，惟不吐为异耳，治宜和中健脾，兼用消导之剂，如二陈汤加厚朴、香附、山楂、神曲，少加黄连等剂。有一种气上复食，食与气抟，心脾郁结，其症胸胁满闷，中脘作疼，有如嘈杂攻激，嗳气吞酸，治宜和中理气，兼用消导之剂，如二陈汤加厚朴、香附、山楂、枳实，少加姜炒黄连。有一种口食冷物，冷聚脾胃，吐利并作，手足逆冷，亦似真心痛者，治宜理中汤，或四逆汤，此即胃脘作痛也。有一种因怒而不得发越，胸膈气塞，冲激心脾而作疼者，其症呕逆恶心，吐不能出，其疼手不可按，其人坐卧不定，奔走叫呼，宜以枳桔二陈汤加厚朴、山楂、炒黑山栀之类，此即气痛之症也。丹溪曰：心痛之病，须分新久。若知身受寒气，口受寒物而得之者，于初发之时，即当温散，或只用二陈汤加术、朴、干姜、香附，甚加吴萸等剂，使寒散而痛止者也。若久而痛者，去吴萸，加姜炒黄连。又或真心痛者，手足青不至节，或冷未及厥，此病未深，犹有可救，必藉附子理中汤加桂心、良姜，挽回生气可也。

【愚按】痛者，手不可按，按之而痛甚者，此则气之实也，实当破气先之；手按之而少可者，此则气之虚也，虚当补气兼之。若初痛者，宜温宜散；久痛者，宜补宜和。或痛而得吐得利者易治，痛而挥霍变乱者难治。

【治法主意】心痛脾疼，阴寒之设，未尝有真心痛也。真心痛者，旦发夕死。

腹痛附小腹痛及腹中窄狭

丹溪曰：腹中之痛不一，有小腹少腹之痛，当遂明之。经曰：寒气入于经络，则稽迟不行，其痛呕逆恶心。客于脉外，则血泣不得注于大经，令人洒淅恶寒。客于脉中，则气不行，手足厥冷而脉脱也，故卒然痛，死不知人。寒气入于胃口，其症中脘作痛，得呕少止。寒气客于心脾，其症痛连心下，冲及胃口而呕逆难出。寒气客于肾肝，则胁肋与小腹相引而痛，或腹痛引阴股，而卒然痛死不知人，气复①返则生。设或痛而呕者，寒伤脾也；痛而利者，寒伤胃也；痛而不得大小便者，病亦名曰疝，此寒伤肾与膀胱也。俱宜苍朴二陈汤，加干姜、吴萸、香附、白术温中散寒，为至要也。《内经》又曰：绵绵而作痛者，寒也；时作时止者，火也；痛有常处不走移者，瘀血也；痛甚欲大便者，食也；利而痛止者，积也；痛而身重不能转移者，湿也；痛而昏塞不知人者，痰也；痛而欲食，得食少可者，虫也。此数者能同一腹痛也，治宜详之。大法必用温中为主，皆以二陈汤加香附、干姜、厚朴、白术。因于热者，加姜汁炒黄连；因于死血者，加桃仁、红花；食积者，加山楂、神曲；湿痰者，加厚朴、苍术；虫痛者，加槟榔、黄连。夫腹痛之症，大略如此。设若自脐以下而腹作痛者，名曰小腹痛，此由阴寒之气侵于至阴之地而作痛也。其痛最甚，喜热手按之，或面色青白，脉来沉迟者是也。宜以温中散寒为主，如二陈汤加姜、萸、厚朴、苍术、白术、香附之类。又有少腹兼连阴器而作痛者，此厥阴气之不清，或因忿怒郁结，不得发泄，假以饮酒为药，而继以房劳，有伤真气，下陷于至阴之分，元气虚弱，不能归复于本经，致使少腹作痛者也。法宜升提正气，而兼用温中之药，如二陈加吴萸、干姜、升麻、柴胡、归、术之类。又有一种饮食不进而腹中窄狭者，此症何所属也？皆因元本素弱，肠胃空虚，不能健运，有致膈蓄稠痰，胃纳邪气，以致饮食不进，水谷不化，出纳之官有阻，健运之司失职。治宜健脾温中之剂，如二陈汤加苍术、厚朴、干姜、香附之类。又有思虑太甚，饮酒伤脾，房劳太过，腹中窄狭者，遇饮食咽嗌不下，闭

① 复：原作“腹”，据清抄本改。

塞不开，有难进退者也。大法宜以补养脾胃，而兼清气宽中之剂，如二陈汤加归、术、苍、朴、沉香、木香可也。丹溪曰：腹中窄狭，须用苍术。若肥白人自觉腹中窄狭，乃是湿痰流注脏腑，气不能升，痰不能降，必须行痰理气，用二陈加苍、朴、枳、桔、香附之类治之。如瘦人亦觉腹中窄狭，乃是湿热之症，熏蒸腑脏，宜二陈加枳壳、黄连、黄柏、苍术之剂治之可也。吾又考之，丹溪曰：用苍术以宽中顺气为主，而不兼清理补养之药。假使和中健脾而去窄狭之症，偏于香燥之剂，恐有不可者乎。吾见以燥药而治窄狭者，初用少可，以其清气上升而窄狭暂开，久则窄狭之气愈通而愈结矣，愈燥而愈盛矣。治此症者，苍术、香附固虽可用，而亦不可骤用，必须审察病机，如果气实者，苍术、香附用之必效，气虚者二陈佐以参、术，血虚者二陈佐以归、术，挟火者二陈佐以炒栀，湿痰者二陈佐以炒连，此主治之大法，而用治之大通，无有不验者也。

【愚按】心痛、心脾痛、中脘痛、胃口痛、食仓痛、当脐痛、小腹痛、少腹痛，此八者，各有所由，而治之各别也。且如心痛者，手指厥冷，甲青至节，旦发夕死，决不可救。心脾痛者，阴寒之设，宜以温中散寒可也，治用二陈汤加干姜、白术。中脘痛者，脾经有寒，宜以理中汤。胃口痛者，食伤胃口，遇食作疼，宜以二陈汤加香附、厚朴、白术、山楂。食仓痛者，在中脘左右作痛，此形寒饮冷，邪积于中，宜以温中散寒，兼之消导，如苍朴二陈加香附、厚朴、干姜、山楂。当脐痛者，因食阴寒之物，食不消化，致脐作痛，宜以姜萸二陈汤加香附、厚朴。小腹、少腹痛者，乃厥阴之分，因房劳而乘寒也，宜以当归四逆，或二陈汤加苍、朴、干姜、吴萸、香附、山楂之类。或者少腹连阴器作胀、作疼，小水不利者，此因房劳太过，忍精不泄，下陷元气，宜以补中益气，少加通泄可也。

【治法主意】腹痛归于阴经，非温中散寒不能除，宜用干姜、理中之属。

胁　痛

《脉经》曰：胁痛多气，或肝火盛，或有死血，或痰流注，由其气郁生痰，气郁动火之谓也。《内经》曰：肝者，将军之官，谋虑出焉。又曰：恚怒[①]气逆，逆则伤肝，其候在于胁也。殆见怒气太甚，谋虑不决，心中不快，以致气郁于肝，而生痰动火，攻击于胁，而作痛者多矣。痛则不得屈伸，或咳嗽有痰，相引胁肋而痛，其脉沉紧而滑，左右动彻不定者是也。宜以清气化痰之剂，兼以伐肝可也，用二陈汤加黄连、胆草、青皮、柴胡、山楂之类。又谓丹溪所云死血者，其说似是而非也。盖肝虽藏纳其血，而肝病则不藏不纳者有之，何期血瘀血积而两胁作痛者焉？若因跌扑[②]损伤，瘀积而不行者有矣，必因其伤处而作痛者也。如青、红、紫、黑色见，肿起坚硬一处，作痛而不流动者，是其候也。治法须用行血破血可矣，如二陈汤加干姜、大黄、乌药、红花、丹皮、白芷等类，与前方清气豁痰，大不相同也。遇此当深究之。

【愚按】胁痛之症，当左右分而治之。左胁痛者，气与火也；右胁痛者，痰与食也。气痛则在左，胁肋相吸而痛；火痛则时作时止，而痛发无常；痰痛则胸胁作痛，而咳嗽不利；食痛则逆害饮食，而中气不清。治法俱宜二陈汤，气加枳、桔，

① 恚（huì会）怒：意谓愤怒。恚，恨也。
② 扑：原作“蹼”，据赵本改。

火加栀、连，痰加星、半，食加楂、曲，此治胁痛之大法也。

【治法主意】左胁疼者肝火也，右胁疼者脾火也，肝火多气，脾火多痰。

腰　痛

《脉经》曰：腰痛之脉皆沉而弦，兼浮者风，兼紧者寒，濡细则湿，实则闪肭①。指下即明，治斯不惑，诚哉斯言也。丹溪曰：有肾虚，有瘀血，有湿热、湿痰，有气虚、血虚，有闪肭、挫气等症生焉。吾尝考之，痛之不已，乏力而腰酸者，肾虚也；日轻夜重，不能动摇者，瘀血也；遇卧不能转身，遇行重痛无力者，湿也；四肢怠惰，足寒逆冷，洒淅拘急者，寒也；自汗发热，腰脚沉重者，湿热也；举身不能俯仰，动摇不能转彻②者，闪肭也；劳役奔驰，内伤元气，动摇不能转侧，有若脱节者，气虚也；房劳太过，精竭髓伤，身动不能转移，酸痛而连脊重者，血虚也；有形作痛，皮肉青白者，痰也；无形作痛，发热恶寒者，外感也。大抵腰痛之症，因于劳损而肾虚者甚多，因于湿热痰积而伤肾者亦有，因于外感闪肭瘀血等症者虽有不多，在治者临症之时，当详审之。盖肾虚而受邪，则邪胜而阴愈消，不能荣养于腰者，故作痛也，宜以保养绝欲，使精实而髓满，血流而气通，自无腰疼之患。设若肾伤而不治，气虚而不补，致令精竭水枯，腰脚沉重而成骨痿者，此也。故内伤所治之法，然当补肾为先，清痰理气次之，行血清热又次之，至以负重伤损，瘀血蓄而不行，闪肭折挫，血气凝滞，着

① 闪肭：亦作“闪朒”，扭伤筋络式肌肉。
② 转彻：当作“转侧”。

而成病者，又当以破血调气可也。除此之外，理宜滋阴固肾为主，剂用四物汤加杜仲、牛膝、枸杞、续断、五味等类，随其症而加减用治，不可拘于一也。

【愚按】腰痛之症，用药不出乎前方，大率肾家之病，必以四物为主，如疼者肾之虚，可加牛膝、枸杞，气不能俯仰，可加续断、杜仲，此立方也。若谓肾败者，加石斛、萆薢；瘀血者，加桃仁、红花；重痛者，加苍术、厚朴；内寒者，加肉桂、干姜；湿热者，加黄芩、黄连；闪肭者，加无名异①、猴姜②；湿痰者，加陈皮、半夏；外感者，加紫苏、麻黄。或有气虚而腰疼者，加参、芪；血虚而腰疼者，加牛膝、地黄；髓虚而腰疼者，加虎骨、五味；精竭而腰疼者，加苁蓉、地羊③；肾著而腰痛者，加胡桃、故纸；气郁而腰痛者，加香附、茴香。又有风湿者，加防风、防己；寒湿者，加苍术、干姜；气实者，加青皮、乌药；骨弱者，加龟甲、地黄；房劳者，加人参、故纸；劳力加补中益气等汤。此皆④对症加减之法也。在医治者，从乎活法，不可执一，而为斗筲之器⑤哉。

【治法主意】腰痛湿热，本或肾虚，或兼闪肭。

牙痛

经曰：牙痛龈宣，寒热亦别。丹溪曰：牙痛出血，肠胃有

---

① 无名异：为氧化物类矿物软锰矿的矿石。性平，味咸甘，具有活血止血，消肿定痛功效。

② 猴姜：骨碎补的别名。猴，原作“猴”，据清抄本改。

③ 地羊：即犬。清抄本作“地黄”，义胜。

④ 皆：原作“则”，据赵本改。

⑤ 斗筲（shāo 稍）之器：意谓气量狭窄的人。筲，仅容一斗二升的竹器。

热。又曰：有风有痰，有火有虚，有虫有疳者矣。东垣曰：齿者，肾之标，骨之余，而与牙之为病，各有异也。《经络》曰：当唇上下单立者为之牙，两腮内藏双立者为之齿，此属乎阳明大肠金也。故曰：上滞而属土，下动而属金，金性轻浮有能动，土性厚重不能移。然金反复在下动者，何也？殊不知土生金而金居在下也，故上唇动而下唇不动者宜矣。近治牙痛者，当知手足阳明经之为病者乎。如手阳明恶寒饮而喜热，足阳明喜寒饮而恶热，热甚则齿痛，龈脱则齿浮。只有恶寒痛者，恶热痛者，有恶热饮寒、热饮多而疼者，有恶寒饮热、寒饮多而痛者，有恶寒，有恶热，又恶热痛者，此皆阳明手足为病也，当以轻重分之。有动摇痛者，有齿袒作痛者，有齿龈为虫所蚀，血出为痛者，有齿龈肿起，因火为痛者，有脾胃中有风邪，但觉风而作痛者，有为虫所蚀，其齿缺少而色黑，为虫牙痛者，有痛而秽臭不可近者，此皆阳明积热之症，因火、因痰、因风而作也。盖口为齿之户，齿为骨之标，肾为骨之荣，肾衰则牙豁，精固则齿坚，液满则齿白，疳䘌[1]则齿蛀，大肠虚则齿露，大肠壅则齿浮，胃火盛则齿肿，脾热胜则齿疼，肾水竭则齿枯，肾精虚则齿落，阳明积热则齿烂，挟风则龈肿，挟热则腮肿，挟痰则肿痛而口不能开，疳䘌则龈脱血出而为痔，此皆齿疼之为痛也。施治之法，气郁而致者，当清其气；痰盛而痛者，当清其痰；火热而痛者，当散其热；肾虚而豁者，当补其肾。苟能求其本，治其源，厥疾未有不瘳[2]者也。吾尝考之，齿属肾病，亦不在乎肾，而实在于手足阳明二经也。盖因肠胃伤于酒面、

① 䘌（nì 逆）：虫食病。
② 瘳（chōu 抽）：病愈。

膏粱炽煿、辛热、姜蒜、椒辣动火之物，复致房劳嗜卧，或火焙衣服，或过绵取暖，积热内久，聚而不散，腐积成痰，因而为肿，为痛，为臭烂不已，为宣，为露，为动摇脱落，为疳，为䘌，为虫蚀血出，亦皆阳明二经火热之为病也，治当详之。

【愚按】牙疼之症，变症多端，而实本于手足阳明二经也。盖因火、因风、因热、因痰、因气而作者，皆由阳明聚热之所生也。何也？气郁则生痰，痰生热，热生风，风胜又化于火也，所以二经之病，一气之感，但有轻重之分，虚实之异尔。吾家秘授之法，尝以归、芍、芩、连为君，连翘为臣，玄参、天花粉为佐，枳壳为使，水一钟，煎半钟，食后服，再与加减立法，效验如神。或者胃火盛加石膏，大肠实加大黄，气郁加山栀，有痰加贝母，有风加防风，臭烂加黄连，宣露加地黄，龈痒加白芷，肿胀血出加金银花，手阳明经多加芩、栀，足阳明症多加硝、黄，因酒者加干葛，因虫者加槟榔，动摇作痛者加归、术，水竭齿枯者加知母、地黄，此治牙疼之法也。又传一方，食盐烧存性一钱，川椒去目七分，露蜂房烧存性五分，合为细末，掩擦痛处，或以笔管着实痛处，咬定，使沥出涎水自可。又一方，血虚牙疼，四物汤加升麻五钱、黄芩二钱、白芷一钱，水煎服。

愚又辨之，肾虚而牙痛者，其齿枯；阴虚而牙痛者，其齿涸；血虚而牙痛者，其齿痒；火热而牙痛者，其齿燥；虫蚀而牙痛者，其齿黑；风热而牙痛者，其齿肿；火热而牙痛者，其齿烂；气胜而牙痛者，其齿长；气郁而牙疼者，其齿胀；气虚而牙痛者，其齿豁；痰胜而牙疼者，其齿木；龈烂而牙痛者，其齿坚；劳役而牙痛者，其齿浮。又曰：热胜则伤血，故龈宣而血出不止；风胜而动火，故龈痒而欲刺出血；气胜而郁痰，故龈肿而连腮胀痛；血胜而郁热，则齿疼而牙龈腐烂。此牙之为病也甚矣，不可言其病小，而不安其心上；不可视其外症，而不损其身命。又见牙龈肿烂、寒热往来者死，牙龈虫蚀而为牙疳者死，牙龈肿烂而烂及穿腮者死，牙龈肿烂不能饮食者死。大抵暴病，宜乎清热驱风，但不可多用风药；久病宜乎滋养血，亦不可过用补剂。痰胜者以醋漱去痰涎，泄其风热；虫蚀者专治其疳热，去则虫必没。

【治法主意】牙痛者，手足阳明二经，火动宜当治火为先，不可擅用风药，反动其火。

疝痛附木肾、阴痿、强中

《内经》曰：疝本肝经，与肾绝无相干，但为病不同，不可执一而施治也。此症皆由房劳内损，正气下陷，不得上升，沉溺于肾肝之分，积成湿热之气者有之。或遇忧怒所感，郁而不发，反将房劳触动，结为阴疝者有之。或因寒邪外束，发热恶寒，而为寒疝者有之。或有湿热下陷，阴囊红肿而湿痛者有之。是皆疝之为病也，或有偏坠、木疝、狐疝、癞疝、弦气等症。丹溪曰：疝气者，即小便睾丸作痛者是也，甚则小腹急疾，小便频并，升于上者为呕、为吐，坠于下者为肿、为胀，入于腹者急疾不利，散于外者阴汗搔痒。治宜行气燥湿，如燥阴散治之可也。又有睾丸偏坠重者，宜分左右施治。偏于左者，因怒气伤肝，外寒侵束；偏于右者，因房劳伤肾，或继以劳力，致使真气下陷，不能上升，而成此症。大法俱以行气温中，如前方中加荔核、柴胡。如有热，小便赤涩，阴囊红肿，前方加山栀，去燥热药。又有弦气者，起于小腹，状如弓弦，攻入于腹，上冲心脾而作痛者，此厥阴之为病也。其症呕吐酸水，或黑或绿，治宜温中顺气，如二陈汤加吴萸、山楂、厚朴、干姜之类。又有阴囊肿坠，如升如斗者，名曰癞疝。其症有寒、有湿、有湿热之所发者，治各不同。若因于寒者，则囊冷如水，睾丸木大，不知痛痒而重坠者也。因于湿者，则囊湿如水，阴子寒疼，虽近烈火不热也。因于湿热者，则囊热皮宽，红肿燥痒，痒甚则皮褪也。治法寒者当温中，湿者当利小便，湿热者当清理下焦，俱用燥阴散为主，寒加吴萸、大茴，湿加泽泻、木通，湿热者加小茴、山栀、黄柏。或有气疝者，因而忿怒气郁，坐卧湿地，房劳太过而得者，其状上连肾区，下及阴底，坠胀不时，宜开郁行气为主，如二陈汤加楂、朴、青皮、乌药等剂。狐疝者，状若狐行，其在右腿毛际之近，发则攻入少腹毛际之中，行立不能，胀痛不已，上则存于囊底，完然不见，上下有声，按之少可。治宜理气温经，如二陈汤加香附、厚朴、青皮、青木香、苍术、干姜等类，有囊热者去干姜，加山栀仁。又有寒疝者，因而地湿浸淫，或受雨水风凉，或涉烟雾瘴气，使邪气入于囊内，其积寒过多，阴囊冰冷，硬结如石；又有积湿过多，阴汗如水，冷不可热；亦有阴茎不举，睾丸作痛，或痒而出水，浸淫湿烂。俱宜温中散寒，药用燥阴散加吴萸、苍、朴之类。亦有筋疝者，多因房劳太过及洞房有用邪术，以致阴茎肿胀，或溃或痛，或里急筋缩，或挺纵不收，或白物如精，或痛痒不已。治宜滋阴降火之剂，如四物加炒柏、知母、青皮、黄连、胆草之类。《脉经》曰：疝脉弦急，积聚在里，牢急者生，弱急者死，沉迟浮涩，疝瘕寒痛，痛甚则伏，或细或动，此疝脉之形症也。设有木疝者，睾丸结硬，不知痛痒，阴囊皮厚，不知长大，重坠难当，是谓木疝。又有木肾者，阴茎不垂，欲动不乐，常如麻木，痛痒难分，若便溺之时，胀闭不顺，此为木肾。

治之之法，木肾当宜和，木疝当宜温。和则补养脾胃，充和元气，其肾不木者矣；温则健脾温中，通调水道，其疝自可者矣。又有软茎，软弱不起，而为阴痿者，亦由房劳太过，致损真元之气，二五之精，不能妙合充凝，所以元气不能固持，肾气不能发动，以致阴痿而然也。治宜补肾壮阳为主，如十全大补汤、虎潜丸等治可也。亦有阴茎挺纵不收，而为强中之症者，此由多服升阳之药，遂使阳旺而阴衰，火胜而水涸，相火无所制，使强中不得收，虽欲多泄，而泄则可软者矣。殊不知愈泄而愈伤，正气不能盛也，即经所谓一水不胜二火者然也。治当助阴以抑阳，使水升火降为妙，用四物汤去川芎，加枸杞、牛膝、杜仲、黄柏、枣仁之类。肾肝下部悉具于此，业医者宜详玩之。

【附方】

燥阴散

苍术盐酒炒　青皮　乌药　青木香　山楂　吴茱萸盐酒炒　小茴香盐酒炒　橘核各等分

为细末，每服二钱，空心盐酒调下。

【愚按】疝本于肾，而治在于肝者，何也？盖肾之二子名曰睾丸，寄肾所生，属于肝而不属于肾也。又谓囊在肾底，属于肝亦不属于肾也。若论梦遗、精滑，此肾病也；便溺赤白，此膀胱之病也；尿管疼闭，此小肠之病也。凡遇阴子之病，当从乎肝治；阴茎之病，亦从乎肝治；阴囊之病，当从乎脾治；精道有病，当从乎肾治。此治之无疑矣。

【治法主意】疝由气与湿也，劳与欲也，气与湿而当清，劳与欲而当补。

脚　气

子和云：脚气者，湿热之气并于足也。东垣曰：南方卑湿，雾露所聚之道，腠理疏密，阳气不得外固，因而步履之不节，起居之不时，外邪袭虚，病起于足。其症恶寒发热，有似伤寒之状，但头不痛，口多渴为异耳。若足红肿不能履，小便短少不能利，甚则恶心呕哕，是其候也。若北方高燥，其症本无，而北地亦有者，何也？然北方之人，邪多自内而得，过食生冷酒面，露卧湿地，或涉水履冰，或远行劳碌，以致寒热交作，腿足红肿。自汗多出，当从湿治；无汗热肿，当从热治。初宜发散，次则清热导湿可也。又有饮食寒凉不节，脾胃饥饱不时，致使元气不能施行，脾气不能四布，下流肝肾，湿聚于足，而成脚气者，当以健脾为主，利湿次之。又有房事不节，久恋不过，劳伤腿足，以致阳虚阴乏，遂成脚气，当以滋阴为要，温补兼之，并不可用利湿之药。然而四者之论，皆因清气下陷，不能上行，攻击于足而成此症，法当升提补养为主。或因外感而佐以发表之药，如槟苏散之剂；或因于湿而佐以利水之药，如四苓、五苓之属；或因于热而佐以清凉之药，如黄芩、黄柏、木通之类；或因于湿热而佐以清热导湿之药，如健步丸之属；或因于虚而佐以补养之药，如当归拈痛之类；或因于脾虚而佐以健脾之药，如拈痛汤加苡仁、木通；或因于气虚而血不足者，拈痛汤加牛膝、木瓜；或因于血虚而气不足者，拈痛汤加牛膝、熟地。此治之之大法，而用之无疑矣。《脉经》曰：脚气之脉，其状曰四，浮弦为风，濡弱湿气，迟涩阴寒，洪数热郁，风汗湿温，热下寒熨。

【愚按】脚气之症，无越于湿，治湿之症，全在于此。大抵湿症不可汗伤，汗伤则湿愈胜也；湿症不可大补，用补则湿愈胜也；湿症不可淋洗，淋洗则湿愈大也。是则初宜发散，发散不过人参败毒散之剂；次利小便，利便不过四苓、益元之类，故曰，治湿不利小便，非其治也；久而当用黄连、黄芩清利之药。

【治法主意】脚气红肿，湿热之症也，宜乎清热利湿，不可作疮毒治之。或用敷药，则湿不散而成疮；或用敛药，则热不清而成毒。

关　　格

关格者，谓胸中觉有所碍，欲升不升，欲降不降，欲食不食，犹如气之横格也。其症皆因郁遏之气，蕴蓄不出，积久成痰，有难转输，反将酒色以淘其情，郁怒以加其病。殊不知损于上者为格，损于下者为关。格则横格在上，中气满闷，喉中如粉絮、梅核之状，咯不出，咽不下，每发欲绝；关则关闭于下，小腹急疾，或胀满填塞，欲升不升，欲出不出，而为关闭之症。二者皆为难治，必须在下之气，升而提之，在上之气，降而下之，此治关格之大意也。不可在下之症，尽用通利之药；在上之病，又用提吐之剂。多提则多胜，多利则多闭。所用之药，必须二陈汤去草为主，加以归、术、人参、沉香、木香、姜水炒黄连之属。丹溪曰：此症多死。寒在上，热在下，寒在胸中，遏绝不出，有无入之理，故曰格；热在下焦，填塞不通，有无出之理，故曰关。又曰：格则吐逆不出，关则不得大小便。《难经》又曰：邪在六腑则阳脉不和，阳脉不和则气留之，气留之则阳脉盛矣；邪在五脏则阴脉不和，阴脉不和则血留之，血留之则阴脉盛矣。阴脉盛则阳气不得相营也，故曰格；阳气太胜则阴气不得相营也，故曰关。关格者，不得尽其命而死矣。

【愚按】关者，关则闭而不通也；格者，格则滞而不行也。盖气之不通，荣卫不能和顺循环，不能周流，关于下而闭于阑门也；气之不行，荣卫有所稽留，痰涎有所壅结，格于上而积于贲门也。此症初由噎食之所起，嗳气之所生，治当清气调中可也。但人不以为事，视以为常，反作等闲之症，使日聚日长，其痰结而不行，其门闭而不开，去死之机，有相近也。然后急于调治，犹三年之病求七年之艾[1]也，再不可得。吁！既欲求治于已病之后，不若调治于未病之先也。

欬 逆

丹溪曰：欬逆者，有痰、有气、有火、有寒之谓也。戴氏又曰：因寒与胃火者极多，痰与气者兼而有之。大率胃气不和，邪气欲行，不得舒畅，因而气寒，痰食并作，胃口至于脐下，直上冲喉，作声而不接续者死，宜以二陈汤从乎热治。经又曰：诸逆[2]冲上，皆属于火也。宜以泻心汤从乎凉治。古方又言：哕以胃弱言之。又曰：胃中有热，膈上有寒，乃作呃也，以丁香、柿蒂、竹茹、陈皮治之，此清寒、清气、清痰、清热之药也。愚谓人之阴气依附阳气之所养，胃土有伤，阴阳不和，被木侮之，阴为火乘，不得内守，木挟相火，故直冲清道而为呃也。此为火症，宜用二陈汤加姜炒黄连、土炒白术等治。又有胃弱言之，胃弱者阴弱也，脾之虚也，脾气有虚，健运不能，则气道泛上而为呃也。宜当健理脾气，以二陈汤加人参、白术、当归、炒黑干姜之剂，恶寒者加丁、沉。大抵治呃之症，看其便实脉有力者，当作火治；若便软而脉无力者，当作寒治；气

---

① 三年之病求七年之艾：当作“七年之病求三年之艾”。病久了才去寻找治这种病的艾叶。比喻凡事要平时准备，事到临头再想办法就来不及了。语出《孟子·离娄上》。

② 逆：原作“经”，据《素问·至真要大论》改。

口紧盛胸闷者，当作食治；下手脉沉郁者，当作气治；至于散乱而无力者不治，歇至者不治。

【愚按】《活人书》言哕逆之名，其说似是而非也。盖哕者有声无物之谓，乃干呕也。今呃以声名之，与哕不同，其声犹相远也。欬逆者，其声连续不已，乃无痰之嗽，而逆上也，又与呃者大不相同。古方言其欬逆，《活人书》辨[①]其哕逆，不若因其呃而忒[②]上，假以呃忒为名可也。此其呃之为症，因其气之不顺，冲上而复下也。古方言胃中有热，膈上有寒，热不得行，寒不得散，气逆而成呃也。此理甚明，故用丁香柿蒂汤以治之。丁香可以温中而散郁，柿蒂可以清热而理气，使其气清而寒自散，郁解则火自除，何有呃忒之症者乎？大凡治呃之症，清气为主，香燥佐之，虽用寒药，不过所使而已。且胃气得热则行，得温则散，不可以火治之，苦寒用重，致令气滞而不散，热郁而不舒，以成天地不交之否，其呃致死者多矣。吾尝治呃者，以二陈汤为主，因于火者加姜炒黄连，其症呃声大响，乍发乍止，其脉数而有力。若数而无力，呃来连续不已者不治。因于寒者，本方加吴萸、干姜，其呃朝宽暮急，连续不已，其脉沉而且迟。若迟而有神者可治，迟而无力或散乱者不治。因于痰者，本方加竹茹、南星，其症呼吸不利，呃有痰声，其脉滑而有力。如无力而短数者不治。因于虚者，本方加人参、白术、炒黑干姜，其人气不接续，呃气转大，其脉虚而无力。若虚而短数者不治，有痰者不治，饮食不入者不治。又有汗吐下后，元本空虚，误服凉药及生冷而作呃者，亦宜温补可也，如

---

① 辨：原作“办”，据清抄本改。

② 忒（tè特）：太，过于。

本方中加人参、白术、当归、炒黑干姜。若有痰者不治，气急自汗者不治，手足厥逆不治。又有因于食而致呃者，脾胃不能健运，食阻气而不行，宜以温中消导可也，如本方中加厚朴、山楂、砂仁、木香。至若吐利后发呃者难治，伤寒、痢疾、产后、久病虚损及汗下后致呃者，皆难治，不可言其易也，后必有悔。

【治法主意】呃逆者，清气温中为要，虽用凉药，必须姜制炒过，少用。

卷五

脾　　胃

人以脾胃为主，而治病以健脾为先。故经云：饮食入胃，游溢精气，上输于脾，脾气散精，上归于肺，通调水道，下输膀胱，水精四布，五经并行者也。至若脾胃一虚，则腑脏无所禀受，百脉无所交通，气血无所荣养，而为诸病多生于脾胃者此也。大抵脾病则饮食不纳，口中无味，四肢困倦，心腹痞满，兀兀欲吐而恶食者焉；胃病则腹中作胀，大小便不利，或为呕吐，食饮不化，或为飧泄，完谷后出者焉。又谓伤饮伤食，亦伤于脾胃，何也？东垣曰：脾伤因好饮也，胃伤因好食也。伤饮则水浸淫而土烂，脾不健也；伤食则土阻塞而金衰，胃不和也。《千金》云：伤饮，无形之气也，宜发汗利小便以导其湿；伤食，有形之物也，宜消导行吐下以泄其物。故东垣立脾胃盛衰论，以示天下后世，其立法也详矣。吾又考之，胃中元气盛，则能食而不伤，过时而不饥；衰则有伤而不运，遇食而作疼；虚则不能食而致瘦，虽食而致泻；实则少食而肥，肥则充满而气实。丹溪又曰：亦有善食而瘦者，何也？善食者，胃中有伏火，易于消化也。叔和云：多食亦肌虚。正此意也。河间曰：脾喜燥而恶湿，胃喜温而恶寒。盖燥虽脾健，温虽胃和，若骤用辛温燥热之物，又致胃火益旺，脾阴愈伤，清纯中和之气，变为燥热燔燎之症，遂使胃脘干枯，脾脏渐绝，而死期迫矣。若用寒凉滑泄之药而救之，又致胃脘胀满，脾气不行，乾健坤净之德，化为天地不交之否，使其水逆作胀，吐泻、呕涌、肿满、格食之所生，而卒病作矣。二者之间，诚可酌之，合宜中和可也。

【愚按】脾属土属湿，位居长夏，湿中生热也，湿热之病，当细分之。然其湿化为热，或黄疸，或遗精白浊，或淋沥带下，或下利赤白，唯当清热为要，不可又言其湿也。或水泻完谷不化，或呕吐饮食难入，是则治湿为要，不可兼言其热也。如此治湿热之理明矣，用药无有不验。愚又按之，脾胃有病，必用中和，而脾可健也。况土旺四季，寒热温凉，各随其时，岂可偏用寒热温凉之剂而枉治者哉？大法宜以二陈为主。如脾胃虚者，加参、术、姜、枣；脾胃火动者，加芩、连、白芍；脾胃受寒者，加吴萸、干姜；脾胃受湿者，二陈配平胃散；水道不利而兼寒湿者，二陈配五苓散，湿甚者加茵陈；湿热不清者，四苓散加芩、连、山栀；食积者，加楂、朴、曲、蘖等剂。此治脾胃不易之法也。故洁古制枳术丸，东垣发脾胃论，唯独丹溪以二陈汤为主，使人调理脾胃而加减用治，后人称为王道之法，岂虚语哉？

【治法主意】脾喜燥而恶湿，胃喜温而恶寒，燥不可大热，温不可兼表，从乎中治。

内　伤

内伤者，有饮食所伤，有劳力所伤，有房劳所伤，皆言内伤之证也。在治者，当分别而推之。如饮食所伤之证，脾胃之所伤也。盖脾主运化，伤则所运皆难，而中气胀闷，食饮不思，遇食则有所恶，或食下作疼，四肢倦怠，口多粗气，其脉右关紧盛，治以消导宽中可也，宜用二陈汤加厚朴、香附之剂。若肉食所伤加山楂，面食所伤加麦蘖，米食所伤加神曲，生冷所伤加吴萸，鱼蟹所伤加干姜，形寒饮冷所伤加苍、朴、白术，酒食所伤加干葛、山楂。设或劳力所伤之症，此气血之所伤也。百节疼痛，腿足酸倦，无气以动，亦无气以言，此为内伤元气也，治宜补中益气汤。又有房劳所伤之症，精血之所伤也。伤精则脉数，伤血则脉虚，其症精神困倦，饮食无味，头晕腰酸，小腹急疾，此其候也。治以滋阴养血，添精补髓之剂，宜用四物汤加参、术、麦冬、五味、牛膝、枸杞之类。又有醉饱行房，脾肾之所伤也。伤脾则中脘作痛，伤肾则少腹急胀，小便不利，亦宜补中益气汤加山楂、厚朴。又有房劳之后继以劳力，或劳力之后加以行房，是则伤精伤气之症也。伤精则精神不守，伤气则四肢不收，治宜十全大补汤加酸枣仁、五味子。又有醉饱而劳力者，此劳伤脾气之症也。脾主运化，劳伤元气则健运者难，而中气胀闷，气急咳嗽者矣，宜当健脾为主，行气次之，治以二陈汤加白术、厚朴、山楂、当归之类。亦有劳伤元气，加以醉饱房劳者，此伤其真元，正气下陷，亏损脾土，运化不行，致令相火攻入，大小二便欲出不出，欲利不利，急坠作疼，无从上下，治宜升提之剂，如补中益气汤加黄柏之类。智者评之，此治内伤无惑矣。

【愚按】内伤之证，不可枚举，各有症治之不同，而所辨有轻重之难易。东垣虽载方书，然有内伤外感之辨，但不分劳伤、房劳、饮食所伤之论，皆以为内伤元气而滚同①施治，使后之学者，俱以补中益气汤用治。殊不知补中益气，在劳力而元气下陷者可也，若使精血不足之症，有用升提之剂，则下元愈提而愈亏也，岂为良法而擅用者乎？又论内伤醉饱之证，此饮食

---

① 滚同：犹言混合，含混。

之不行也，停聚中膈，善能消导可也，若用补中益气，内有参、芪等剂，恐得实实虚虚之患者乎。在医者当以理而推之，余皆仿此。

【治法主意】内伤精血宜大补，内伤元气宜温补，内伤饮食宜消导，不可擅行克伐者也。

噎膈附反胃

《内经》曰：三阳结谓之膈。子和云：三阳者，大小肠膀胱之经也。结谓热结也。小肠热结，则小水不通，而为癃闭；大肠热结，则登圊[1]而不能善利；膀胱热结，则津液涸而不能流通；三阳并结，则前后闭塞而不行。下既不行，饮食无从消化，所以噎食不下，纵下而复出也。即所谓坎中之阴不升，离中之阳不降，升降失宜，水火不交故也。经又曰：少阳所致，为呕、涌、逆、食不下。其理一矣。丹溪又论：噎膈反胃，卒以血液枯槁[2]言之，致令咽喉窒塞，食不能下，或食下眼白口开，气不能顺；或食入胃口，当心而痛，须臾吐出，食出痛止；或气盛血虚，津液结鞄[3]不能咽物。此皆上焦之噎膈，其槁在贲门也。又有饮食可下，食入胀闷，恶心欲呕，良久复出，所出完谷不化，其槁在齿门，此中焦之噎膈也。又有朝食暮吐，暮食朝吐，中气闭塞，肌肉减瘦，小便赤少，大便若羊粪焉，其槁在阑门、大小肠之间，此下焦之噎膈也。或有老人虚人，元气不能荣运，食欲咽下，正气返上，膈塞难过，此为元气本虚弱，不在其例。大抵噎气膈气者，丹溪之论详矣。谓夫初起之病，

---

① 圊（qīng 青）：厕所。

② 稿：通“槁”。

③ 鞄（bào 报）：发硬。

其端甚微，或因心事不快，谋虑不决，而积气成痰者有之；或因郁怒难舒，气不能越，而膈塞闭结者有之；或因饮食不谨，外冒风寒，内伤七情者亦有之；或食膏粱厚味，偏助阳气，积成膈热者有之；或因心情不乐，强以酒色，欲解其忧，而真气耗散，郁气反结者亦有之；或有饥饱不时，脾胃运纳失宜，而隔食不通者有之；或有性急多怒，君火上炎，以致津液不行，清浊相干者亦有之；或有嘈杂、痞闷、吞酸等症，变成此病者有之。若医者不求其本，妄认为寒，遽①以辛香燥热之剂投之，暂时得快，自为神方，所用仍前，不节七情，反复相亲，旧病暂却复来，浊液易于攒聚，或半月一月，前症复作，死期必矣。或者延绵日久，自气成积，自积成痰，为噎为欬，为涎沫多出，死期促矣。如或痰挟瘀血，遂成窠②囊，为痞，为满，为呕逆、噎膈、反胃之症，死可待矣。

【愚按】噎膈反胃之症，肺金不得清化之令，肾水不滋津液之源，致使阴血有亏，肠胃失其传化而然也。治当泻南方之火，补北方之水，使水升火降，津液流通，而噎膈自可者矣。若谓反胃之症，亦皆如此。设或大便秘少，粪如羊屎，名虽不同，病出一体。故经曰：噎膈多生于血干，番③胃亦生于脾弱。东垣曰：脾阴也，血亦阴也。阴主静，内外两静，则脏腑之火不起，而金水之脏有养，阴血自生，肠胃津液传化合宜，何噎之有？故治者当知其此，不可妄投燥热之药，如其以火济火，何以异于刺人而杀之也？吾闻治之之法，必须清气健脾，行痞塞以转泰，助阴抑阳，全化育以和中，宜用生津养血之剂。如

① 遽（jù 据）：急，仓猝。
② 窠（kē 颗）：孔穴。
③ 番：通“翻”。

大肠热结，宜用黄连以清其热，青皮以开其结；小肠热结，宜用山栀以清其热，青皮以开其结；膀胱热结，宜用黄芩以清其热，木通以开其结。设或三阳并结，宜合而为一，清热以开其结也，少加升麻以提之，使清气可以上升，浊气可以下降，清浊分其上下，何噎之有？即所谓离中之阳降，坎中之阴升，降升合宜，水火既济者也。若以血液枯槁言之，咽喉窒塞，食不能下，再加玄参、花粉、当归、生地黄。若以食下气不能顺，宜加贝母、陈皮以清其气。若以食下气不能通，反加心痛吐出，宜用二陈、炒黄连、香附以行其气，使气通而痛止。或气盛血虚，津液结鞕，宜用贝母二陈加山栀、黄连、麦冬、知母之类。设或食入可下，良久复出，完谷不化，亦宜二陈汤加白术、香附、炒黑干姜之类。设若朝食暮吐，中气闭塞，肌肉减瘦，小便赤少，大便若羊粪焉，此因元气空虚，津液不能顺行，肠胃不能通和，宜以香砂二陈汤加炒黄连、山栀之类。若人事狼狈[1]，津液燥竭，生脉散作汤服之。人事稍可，大小便不能通彻利解，补中益气汤加减用治。至使老人虚人，亦皆可用此法。若心事不乐，谋虑不决，而积气成痰者，宜二陈汤加胆星、黄连、山楂、青皮之类。或因饮食不谨，内外感伤，亦宜苍朴二陈汤加干葛、紫苏之类。或食膏粱厚味，积热成噎者，宜用贝母二陈汤加芩、连、山楂、曲、蘖之类。或有心事不乐，强以酒色是耽[2]，元气虚郁成噎者，亦宜二陈汤加归、术、人参、山楂之类。或有饮食失宜，运纳不去，而成噎膈者，宜以二陈汤加归、术、山楂、炒连之类。或有性急致怒，君火妄动，津

① 狼狈：原作“很俱”，据清抄本改。
② 耽：沉溺，入迷。

液不行，而成噎膈者，宜以贝母二陈加黄连、山栀之类。致若嘈杂、痞闷、吞酸而成噎膈者，亦宜二陈汤加姜炒连、栀、山楂、豆仁之类。是故噎膈之症，此因中气不和而成噎也，气郁不顺而成膈也，但当理气和中为主，初兼香燥，后因气结成热，当以清热为要，仍用苦寒。或者元本亏虚，宜加归、术，郁结太甚，尤宜开结，不可偏于一治，以成危笃之患者哉。如治少可，必须断妄想，绝厚味，戒房室，去劳碌，善能调养，此病未有不痊者也。凡见粪如羊屎有颗粒者，或口中白沫不时吐出者，或年高气血衰弱者，或脉空虚及兼歇至者，俱不可治。

【治法主意】噎膈当清气和中，反胃当健脾养胃，切勿施峻利之剂，有伤脾气者也。

格食　格气

格食者，谓食不能下，格气者，谓气不能通，皆由中气闭塞，痰涎壅滞，聚而不能散，如噎膈之状也。得病之因，有为怒气不得发越，食饮不得舒畅，朝暮郁闷，以睡为安，延绵日久，房事淘情，不期真气下陷而不复，邪气关格而闭塞，见食欲食，食不能下，是谓之格食。又或食下即吐，其吐痰涎裹食，是谓之格气。格食者，脾病也；格气者，肺病也。然而脾肺俱病，则运用皆难，所以格食格气之症，未有可治者矣。治者当先豁其痰涎，开其郁结，如二陈汤加厚朴、山楂、香附为主，初发加沉香、木香，久病加炒连、人参，脾虚不足加白术，肺虚不足加麦冬，使气清则痰行，气开则格散。戒食肥厚之味，动气之物，恐生痰也。日用鼓乐之音，歌笑之乐，以开脾也。

或者以酒为欢，远色以处，离乡别井，迁之于他方，弃职忘家，置①之于度外，此症虽来，不药而愈。否则酒色财气之不舍，药食厚味之妄行，虽用千金之费，焉能旦夕之安？去死之机，必待日也，神医妙手，岂能疗乎？

【治法主意】清气豁痰，不可峻利，健脾和中，不可大补。

伤饮　伤食

丹溪曰：伤食必恶食，气口脉必紧盛，胸膈气必痞塞，亦有头疼发热者，但身不痛为异尔。经曰：饮食自倍，肠胃乃伤。盖伤则运化者迟，消导者难，故有食积而宿滞者焉。致若留饮而不行者，东垣曰：饮者，水也，无形之气也。因而醉后大饮，则气逆伤脾，或形寒饮冷，过甚伤肺，此水病也。射于肺而为欬，逆于脾而为满，蓄于胃而为泄，流于肠而为积，溢于脉而为肿，乃过饮之伤也。设若食者，有形之物也。经曰：因而饱食，筋脉横懈②。又曰：饱食伤脾，气逆为呕。若饮食停滞不行而发热者，气口脉紧盛，右关滑而大也，必恶食，必噫气吞酸，或恶闻食气，或欲吐不吐，或恶心呕逆，或短气痞闷，或胃口遇食作疼，或手按肚腹作痛，此皆停食之候也，宜以消导之剂与之。如停食而又感寒者，则人迎气口之脉俱大，外症头疼身热，拘急恶寒，中脘痞闷，或呕吐泄泻，宜以藿香正气散，或苍朴二陈汤加香附、紫苏之类。若因肉食所伤，加山楂、草果；若因米食所伤，加神曲、麦芽；或生冷水果所伤，加厚朴、白术、草果、吴萸；或饮酒所伤，加葛根、紫苏；或海鲜鱼蟹

---

① 置：原作“制”，据赵本改。

② 横懈：指松弛、弛缓不收。

所伤，加吴萸、干姜之类；至若憎寒壮热者，此方中大加紫苏、葱白。或已发热无汗，必须先解其表，天寒十神汤，天暖人参败毒散。身疼胸闷，食多恶寒者，宜以温中散寒，如苍朴二陈汤加香附、干姜，此温中健脾，食自行也，不必用发散药。如食在膈上，未入于胃，可吐之，如不可吐，用上文之药消导之，不可又用山楂、神曲之剂，此脾已受伤也，难以再行消导。或胸腹胀满，不可就与下药，气寒则食不能运，反为结胸之症，如用温药，待食已下，运化糟粕，外症自解，不必下也。至于胸肿结痛，热甚脉实当下者，大柴胡汤加厚朴下之。经又曰：挟食伤寒，不可先攻其里，且将发散，次宜消导，犹当究其所伤之物，分其寒热轻重而施治。如初得此症，上部有脉，下部无脉，其人当吐不吐者死，宜以瓜蒂散吐之。或轻则内消，砂仁、神曲是也；重则下之，柴胡、承气是也。又曰：寒则温之，半夏、干姜是也；积则破之，三棱、蓬术是也；热则寒之，黄连、枳实是也。或积聚而不行，或停饮而气逆，或饮冷而伤脾，或形寒而伤肺，病则水肿胀满，喘嗽痰涎，俱宜取汗利小便，使上下分消其湿，用五苓二陈加苍、朴、枳壳之类。重则蓄积，为肿为满，三花神佑之属，量其虚实而与之，须各从其类也。

【愚按】伤食者多食之过，在小儿更有之。大人者，谓饮食伤脾，或有好食美物，恣意过用，不思脾胃健运难化，蕴蓄瘀积，为痰为满，为涌逆呕吐之所由也。又有伤饥之人，遇饮食而不择，但知饥渴之用，不思过饱伤脾，恁性所食，脾胃受伤，运化皆难，致令为格为噎，为胀满、腹痛、泄泻之所由也。二者俱是饮食所伤之症，当用和中健脾，不可再与消导，殊不知愈消而愈损也，欲脾之健，何日之有？治宜二陈汤加白术、厚朴、香附、山楂之类。

【治法主意】伤食当健脾消导，伤饮当利水实脾，俱用二陈为主可也。

六郁附五郁

丹溪曰：气血冲和，百病不生，一有拂郁[①]，诸病生焉。戴氏曰：郁者，气结聚而不散，郁于中而不行也。所以当升不得升，当降不得降，当变化不得变化，此为传送失常，六郁之病见矣。夫所谓六郁者，气、血、湿、热、痰、食也。吾见此证之发，气郁则胸胁作痛，中膈满闷，郁滞不清，脉来沉涩者也。湿郁则周身重痛，或关节不利，遇阴寒夜气，其痛尤甚，其脉沉濡而数者是也。痰郁者，痰涎不利，气急喘促，食饮不思，右手脉来沉滑者是也。热郁者，瞀闷不清，烦躁引饮，小便赤涩，脉沉而数。血郁者，胸胁作痛，四肢无力，能食便红，脉亦芤数。食郁者，见食必恶，嗳气吞酸，饥不欲食，虽食而胀闷不安，气口脉必紧盛者也。凡治郁法，当以顺气为先，消导次之，宜用二陈汤加香附、抚芎为主。如气郁加木香、枳、桔，如湿郁加苍、朴、木通，痰郁加厚朴、枳实、瓜蒌子，热郁加山栀、黄连，血郁加桃仁、红花，食郁加楂、朴、曲、蘖等剂。古方多用越鞠丸以治郁，意在兹乎。

【愚按】郁者，郁而不能通畅之谓也。盖气、血、湿、热、痰、食之所郁，非若五脏五行之所郁也。古方六郁者，当散而行之，故用越鞠丸加减用治。五郁者，当开而导之，亦用汗吐下利之法以行之也。何也？木郁达之谓之吐，令其条达也；火郁发之谓之汗，令其疏散也；土郁夺之谓之下，令无壅碍也；

① 拂郁：意谓愤闷。拂，通“怫”。

金郁泄之谓渗泄，解表利小便也；水郁折之谓疏通，抑其冲逆也。五郁之法，全在此矣。六郁之法，当从上文所治者乎。

【治法主意】六郁当以清痰理气为主，五郁当行表里开导之法。

臌胀附中满、蛊胀、水肿、黄肿、面肿、足肿、肢肿、阴肿、囊肿、子肿、眼胞肿、儿肿

丹溪曰：心肺阳也，居上；肾肝阴也，居下；脾者中州，亦阴也，居中属土。经曰：饮食入胃，游溢精气，上输于脾，脾气散精，上归于肺，通调水道，下输膀胱，水精四布，五经并行。是则脾居坤静之德而有乾健之运，故能使肾肝之阴升，心肺之阳降，以成天地合交之泰也。设或七情内伤，六淫外侵，饮食不节，房劳致虚，脾土之阴受伤，转输之官失职，胃虽受谷，不能运化，故阳自升而阴自降，以成天地不交之否。于是清浊相干，隧[1]道壅塞，气化浊液，郁遏生热，热留而久，气化成湿，湿热相生，遂成胀满。经亦曰"臌胀"是也，以其外虽坚满，内则中空，似鼓之形，击而有声，胶固难治。理宜补脾，又须养肺金以制木，使脾无贼邪之患，滋肾水以制火，使肺得清化之令，却盐味以防助邪，断妄想以保母气，无有不安。医不察此，喜行利药，病者少得一时之快，腹胀愈胜，真气受伤，而去死不远。俗谓气无补法，以其痞满壅塞，似难于补，反将导气之药日用，不思正气虚而不能运行，邪气着而为病。经又曰：壮者气行则愈，怯者着而成病。其何以乎？必须和中健脾为主。故经云：气虚不补，何由以行？又曰：塞因塞用。

① 隧：原作"坠"，据赵本改。

正为此也。且此病之起，固非一日，根深势笃，欲得速效，自求祸耳。且如知王道者可以语此，否则学浅理疏，反为非是，慎不可与之并治。其或受病初起，脾胃尚壮，积滞不固者，惟可略与疏导，亦不可峻与利药也。大法宜以和中导湿，行利小便为要。切不可行利大便，致使脾土复又受伤，以成实实虚虚之患，再不可逃尔。

【愚按】臌胀者，如鼓之形，外坚中空，击之有声，按之有形，皮肉之急胀，脾肺之大病也。宜当实脾理气为要，治宜二陈汤去甘草，加厚朴、山楂、白术、香附之类。初起者加紫苏、大腹皮，久病者加沉香、当归。设若中满之症，中气满闷，当胸之下，胃口之上，一掌之横，按之坚石有形作痛，此名中满者也。由其忿怒太甚，不能发越，郁结中州，痰涎停住，乃成满也。久而不食，以致气虚，则曰气虚中满。宜当塞因塞用，治以二陈汤去甘草，加参、术、厚朴、山楂之类。至若蛊胀之症，所受山岚障气或虫蛇蛊毒之物，遂使大腹作胀，肚见青红之纹，皆由山岚蛊毒之气，因感入腹，聚而不散，结为腹满之症。治当利其肠胃，去其恶积，则蛊自除而胀可平矣，如承气汤加黄连、甘草、雄黄、槟榔之类。设或水肿者，脾虚不能健运，水溢于皮肤，按之多冷，重按多凹，病久所按之处青红陷下，肌肉如腐，或有肿盛皮肉出水，起泡湿烂，或射于肺则咳嗽气急，逆于脾则痰涎不利。宜用实脾利水之剂，如二陈加厚朴、苡仁、白术、泽泻之类。黄肿者，皮肉色黄，四肢怠惰，头眩[1]体倦，懒于作为，小便短而少，大便溏而频，食欲善进，不能生力。宜当健脾为主，治用二陈汤加参、术、黄连、厚朴、

① 眩：原作“弦”，据赵本改。

香附之类。面肿者，面目浮肿，此气虚也。盖面为诸阳之首，阳聚于面，所以面耐寒也。今也面目浮肿，皆因阳之不聚，气之不行，停滞上焦，壅塞而为肿也。治当清理上焦之气，使肃清而不浊，利耳目之窍，使周行而不滞，如枳桔二陈汤加玄参、天花粉、连翘之类。若脾虚者，当实其脾，白术、茯苓、苡仁、山药；湿肿者，当清其湿，苍术、厚朴、泽泻、茵陈；有风者，兼驱其风，防风、防己；有寒者，可清其寒，羌活、独活，消风凉膈散亦治。足肿者，谓腿足作肿也。有湿热太甚而作肿者，其色红肿，当清湿热，如当归拈痛汤亦可。有脾虚不足而作肿者，其色白肿，当养脾气，如参苓白术散加牛膝、苡仁。有脾虚气溜①而不行者，肿久必有水出，破之难痊，宜当实脾为要，如参苓白术散加升麻、泽泻。有病久而作肿者，其肿下连足趺②，如皮肿可治，肉肿难除，宜当养正健脾，如补中益气汤加牛膝、续断。有久卧而作肿者，此气之不行也；久立而作肿者，此气之不顺也。气不行者当以行气为要，如二陈汤加苍白二术、厚朴、香附；气不顺者当以顺气为先，如二陈汤加当归、续断、香附、乌药。肢肿者，四肢作肿也。盖四肢者，脾之脉络也，脾有所郁，则气血不调，以见四肢作肿。大率滞于血者则痛肿难移，滞于气者则俯仰不便。行血宜芎归汤加丹皮、白芷、秦艽、续断，行气宜二陈汤加厚朴、山楂、白术、黄芩。便肿者，男子小便作肿，妇人阴门作肿也。皆由肝气之不和，肾气之不泄，宜当泻肝补肾可也，治宜黄连、青皮、当归、芍药、山楂、柴胡、乌药、香附之类。囊肿者，阴囊之作肿也。

---

① 溜：通“留”。
② 趺：原作“跌”，据赵本改。趺，脚背。

此因脾湿聚而生肿，宜当利水实脾燥湿为要，如苍术、厚朴、吴萸、茴香、青皮、乌药、山楂、青木香之类。子肿者，阴子大而生肿，亦肝气之不和也。宜当清气伐肝，如囊肿之药可用，但红肿，去吴萸加山栀，肿而冷湿，去山栀用吴萸，偏坠亦然。有用椒①囊，以艾叶、川椒焙燥，作囊袋之，收其阴湿自可。眼胞肿者，眼胞上下之肿也。此因脾气空虚，心事不乐，怒不能越，饮食不进，朝夕致卧，有令眼胞作肿也。治宜清气健脾之剂，如二陈汤加归、术、青皮、黄连之类。儿肿者，妇人孕子之时，身面手足作肿，此脾虚成孕也。宜以安胎健脾，其肿自消，如四物加炒白术、阿胶、人参、香附、黄芩之类。大抵肿之为症，皆属于脾。然脾不能行气，则气滞而作肿矣。不可专理其气而用导泄之药，不治其本而反攻其末也。丹溪曰：气虚不补，何由以行？经曰：塞因塞用。正谓此也。医者当治肿之时，即以是求，而为法守。

【治法主意】肿当利水而实脾，胀宜清气而开郁，此治肿胀之大端也。

消渴附强中

消渴之症有三，欲饮而无度者是也。盖水包天地，先贤之说异矣，然则人身之水亦可以包涵五脏乎。夫天一之水，肾实主之，膀胱为津液之府，所以宣行化令，而肾水上乘于肺，故识者以肺为津液之脏，通彻上下，随气升降，是以三焦脏腑，皆囿②乎真水之中。《素问》以水之本在于肾，末在于肺者，此

① 椒：原作“拼”，据清抄本改。
② 囿（yòu 又）：拘泥，局限。

也。真水不竭，安有所谓渴哉？人惟淫欲恣情，酒色是耽，好食炙煿辛辣动火之物，或多服升阳金石之剂，遂使水火不能既济，火挟热而上行，脏腑枯涸而燥炽，津液上竭而欲水，日夜好饮而难禁，以成三消者也。然三消者何？彼多饮水而少食，大小便甚常或数而频少，烦躁，舌赤，此为上消，乃心火炎于肺也。宜当泻心火，补肾水，使肺得清化之令，则渴自止。若饮水多而小便赤黄，善饥不烦，但肌肉消瘦者，乃为中消，此邪热留于胃也。宜当清胃火而益肾水，则脾得健运之机，水得清化之令，自然不渴者矣。若小便淋如膏糊，欲饮不多，随即溺下，面黑体瘦，骨节酸疼，是为下消，此邪积于肾也。宜当清膀胱之湿热，益肾水之本源，使健运之令有常，生化之机不失，渴自无矣。又有强中消渴，其死可立而待也。此虚阳之火妄动于下，强中之气泄而不休，致使肾脏枯竭，欲得茶水相救，殊不知愈饮而愈渴也。元气衰弱，水积不行，小腹胀满，小便疼而难出，事岂宜乎有必死之理也，慎之慎之！三消者，当以白术散养脾生津为主，或用五味、乌梅、参、麦、地黄、天花粉之类。上消者加山栀、黄芩，中消者加黄连、白术，下消者加黄柏、知母亦可。切不可投大寒冷之药，而使脾阴愈伤者也，治宜谨之。

【愚按】河间曰：饮水多而小便多者，名曰消渴；饮食多而不甚渴，小便数而消瘦者，名曰消中；渴而饮水不绝，腿消瘦而小便有脂液者，名曰肾消。此三者，其燥热一也。《内经》曰：二阳结谓之消。正此谓也。是故治此症者，补肾水阴寒之虚，而泻心火阳热之极，除肠胃燥热之胜，济阴中津液之衰，使阴阳和而不结，腑脏和而不枯，气血利而不涩，水火济而不滞，此治之之大法也。如消渴初起，用人参白虎汤，久而生脉散；中消初发，调胃承气汤，久则参苓白术散；肾消初起，清心莲子饮，久而六味地黄丸。强中者，谓小便强硬不能软。皆因虚阳之气妄动下焦，不交自泄，或泄而又欲交媾，动彻不已，痒麻难过，或精道妄来，如血如脂，肌肤日减，荣卫空虚，谓之强中，毙不久矣。虽用荠苨丸亦可回生，临此症者，治当慎之。若初起时，可用归、芍、牛膝、枸杞子、五味、熟地、黄连、青皮之类，绝房劳可救，否则不治。

【治法主意】消渴虽是燥热，不可大用苦寒，致使脾气不行，结成中满。不可久与香燥，助热内结，发而痰喘。至要绝欲以生津，饮水多不禁。

白火丹　黄疸痧

时之所生，白火丹也，黄疸痧也，是皆湿热之症。东南之地，日多阴雨，地多水湿，夜多烟雾，热①多湿蒸②。所生之物，伤湿而最多者有之；所食之水，泛滥而土气胜者有之；所居之地，湿蒸而热蒸者有之。是则元虚之人，房事最多，脾胃少食而不健，中气受湿而不清，郁结于中焦而不运，湿挟热而为蒸，有如盦曲相似，致使热透皮肤，而为黄疸痧也。其证面目肢体俱黄，小便红赤，或便溺而沾衣者，有如栀柏之染黄也，胸腹胀闷，嗳气不顺，四肢倦怠，大便虽去而不流利者也。治宜平地木、仙人对坐草③，或石茵陈④，或荷包草，捣烂，以生白酒和汁饮之自可。如胸膈不利，加生香附；如小便不通，加

---

① 热：赵本作“日”，义胜。
② 蒸：原作“丞”，据清抄本改。
③ 仙人对坐草：即金钱草。
④ 石茵陈：即茵陈蒿。茵，原作“因”，据清抄本改。

车前草；如痰喘者，加雪里青。此治之无不验也。设或黄如桔黄而明者生，黄如薰黄而黑暗者死。又舌上无苔者生，舌苔而黄焦黑者死。至于火丹一症，头面白肿，胸腹胀闷，小便腿足浮肿，小水不利，气急生痰，其肿发白癍如铜钱之大，圈圈圆圆，有若疮癍之见。或赤者，名曰赤火丹，此湿热之气有伤于血也；白者，名曰白火丹，此湿热之气有伤于气也。言之曰丹者，即谓丹毒之见也。治者宜清热凉肌之剂，如荷包草捣烂，肿处可擦，随手即消，生酒和服，中气自清。否则有见肿症作脾虚治之，或见濡脉作元虚治之，此治之一差，千里之谬，非惟肿胀尤甚，亦且中气郁闷而不进饮食，生痰作喘，则治之不可得也。必须草药以清之，有可救之理。

【愚按】此症地浆水服之亦可，粪清服之亦可，俱能约制湿热，清利脾土，切不可用香燥助热等药也。

【治法主意】此症湿化为热，有热而无湿也，所以利于草药、粪清、地浆之类。口渴者，服地浆水妙。

卷六

淋沥附癃闭

经曰：热极成淋，气滞不通。或曰：诸淋所发，皆肾虚而膀胱有热也。水火不交，心肾不济，遂使阴阳乖舛①，清浊相干，蓄于下焦，故膀胱里急，膏血沙石从小便出焉。于是有欲出不出，淋沥不断之状，甚则窒塞其间，则令人闷绝矣。大凡小肠有气则小便胀，小肠有血则小便涩，小肠有热则小便痛。痛者为血淋，不痛者为尿血，败精结者为膏淋，热结成沙为沙淋，甚则为石。小便溺常有余沥者为气，因而房劳劳力所发者为劳。当揣本揆原，各从其类也。用剂之法，须与流行滞气，疏利小便，清解邪热。调平心火又三者之纲领焉。大抵心清则小便自利，心平则血不妄行，切不可用补气之药，气得补而愈胀，血得补而愈涩，热得补而愈胜，水窦不行，加之谷道闭遏，未见其有能生者也。丹溪曰：淋症虽有五，皆属于热。原其为病之由，素恣膏粱品物，忿怒为常，郁结成痰者有之，或房劳无度以竭其精，使清阳之气下陷于阴经，以致下焦胀急，重坠难行，或者上圊致令小便欲出不出，欲来不来，将欲行之，痛不可忍。初为热淋、血淋，久则煎熬水液，稠浊如膏，或如沙石之所来也。先贤以滴水之器譬之，上窍闭则下窍不利，此理甚明。故诸方急用散热利水之剂甚多，及用开郁行气、滋阴养血者甚少。且如散热利水，但可治热淋、血淋而已，其膏淋、

① 乖舛（chuǎn 喘）：反常。

沙石淋必须开郁行气、养血滋阴方可，所以古方用郁金、琥珀以开郁，青皮、木通以行气，当归、牛膝以养血，黄柏、生地以滋阴，吾尝多能应手而获效也。东垣又曰：须分在气在血治之，渴与不渴辨之。或渴而小便不利，此热在上焦气分，宜茯苓、黄芩、泽泻、琥珀、灯心、通草、瞿麦、萹蓄，淡渗之类，以降肺金之火，以清膀胱之源也。不渴而小便利者，此热在下焦血分，宜知母、黄柏、滋肾丸之类，以补肾水之源也，方妙。《脉经》曰：便血则芤，数则色黄，实脉癃闭，热在膀胱。故癃闭之症，宜清热利小便，如四苓散，如升麻、黄连、山栀、木通之类。

【愚按】不通为癃，不约为遗，滴沥涩者为淋，急满而不通者为闭。盖癃闭遗沥之症，是皆气血之不顺也，宜当清气为要。此症多由郁怒不发，反将欲事以陶其情，或有心惊气闪，强动阴精，阳邪下陷，致令气血结而不散，荣卫闭而不行，陷入阴中，下不能上，郁于肾肝，欲出不出，初则为癃，久则为淋，宜以散血化气之剂治之可也。吾尝用小儿胎发烧灰，琥珀为末，灯草汤调服最妙。

【治法主意】淋则宜通，闭则宜提，遗则宜补，癃则宜开，俱兼清凉可也。

小便不利附白带、白浊

肾主水，膀胱为之腑，水潴于膀胱而泄于小肠，实相通也。然小肠独应于心者，何哉？盖阴不可以无阳，水不可以无火，水火既济，上下相交，则荣卫流行，水窦开阖，故不失其司尔。惟夫心肾不济，阴阳不调，使内外关格而水道涩，传送失度而水道滑。热则不通，冷则不禁。其热甚者，小便闭而绝无；其热微者，小便难而仅有。肾与膀胱俱虚，客热乘之，则水不能制火，火挟热而行涩焉，是以数起而有余沥。肾与膀胱俱冷，内气不充，故胞中自滑，所出多而色白焉，是以遇夜阴盛愈多矣。吾尝便涩而难痛者，又当调适其气而兼治火邪，用归、芎、茯苓、泽泻、升麻、甘草、青皮、山栀、木通、黄芩、黄连之属。其冷则不禁者，用盐炒益智、炙甘草为末，升麻灯心汤调服。白带、白浊久而不愈者，补中益气汤加肉桂、青皮。

【愚按】小便不利者，小水不能令利也。盖小腹急疾，小便急痛，来而不多，去而频数，或尿管作疼，或便门作闭，或溺有余沥，或溺后作疼，有浊无浊，若似淋沥癃闭之状。但淋沥癃闭自膀胱所出，行止作痛，有不能通泰之理，此症由小水不利，但阴茎①便门或胀或痛，或急滞而不能令利也，与淋闭大不相同。治宜清湿热行肝气，泄小肠利膀胱，用升麻、柴胡、黄连、黄柏、青皮、木通、山栀、灯草之类。

【治法主意】古方虚寒而用五苓散，虚热而用四苓散，意在此矣。

小便不禁附咳嗽遗尿

夫小便之不禁也，盖禁者，止也，来而频数，不能约制其宜，有无禁止者也，故曰小便不禁。吾见年老体虚之人，夜多便溺，下元虚冷，不能约束故也。又有好色斫丧之人，肾气空虚，不能调摄归元，亦有不禁者也。又有女人下关无闭，遇寒则便数，遇咳嗽则小便适来，亦为不禁者也。王节斋曰：小便不禁或频数，古方多以为寒而用温药。殊不知属寒者，多脏腑

① 茎：原作“痉”，据赵本改。

之虚寒也；属热者，少腑脏之虚热也。盖膀胱火邪妄动，水不得宁，在命门之发也，故不能禁。河间曰：血虚老人，夜多便溺，膀胱血少，阳火偏盛者也。法宜补膀胱之阴血，助肾水之不足，而佐以收涩之药，如山萸、五味、归、芍、益智、炒柏、熟地之属，不可不用温补之药也。经又曰：病家属热，亦宜制火，因水不足，故致火动而小便多也。小便既多，水愈虚矣，故宜补血。补血制火，治之本也，收之涩之，治其末也。不若戴氏又曰：小便不禁，出而觉赤者有热，治其火也，白者气虚，益其气也。赤而有热者，用归、芍、益智、炒黄柏、生地之类，白而虚者，八味地黄丸加五味、山萸之属。妇人咳嗽而溺出者，宜生脉散加归、术、青、柴、黄芩。

【愚按】小便不禁，肾之虚也。盖肾虚则与膀胱不能约束其宜，致令小便数而不禁也。设若老人夜多便溺，其寿必长，少壮夜多遗尿，其力反盛，妇人便溺甚多，反能有子，三者之间，非其异也，皆一理也。老人多溺，下元寒也，寒则水之易聚，故多溺也，溺虽多而真水胜，然必有寿。少壮遗尿，下元热也，热则有动其火，故梦遗也，遗虽失而阳热盛，然必有力。至于妇人欲心不遂，肾火妄动，得便溺而少舒其气，所以不能约束也，欲火既动，岂能无子？治之之法，老者宜温，少者宜清，妇人当降火以滋阴，此治之之大法也。

【治法主意】小便不禁，当固肾以益气，然后补中可也。

梦遗　精滑附便浊

经曰：梦遗精滑，湿热之乘。盖精由水也，静则安位，热则流通。热而不流，则滞浊之气蕴蓄而不能发越，留聚膀胱以成湿热之症。故胞中浑浊之物，自上而下，泛泛然从往小便来矣，乃曰便浊。又有心事妄动，湿热之气蒸于精道，有动相火，君相交感，变化莫测，为物所有，因梦交而精道行焉，故曰梦遗。又有不因梦交，心事不动，其精不时流出，阴茎或痒或痛，门口结敝①作疼，此亦湿热不清，有动君相，无所制伏，水夹热而行适焉，故曰遗精。又有思想不遂，交媾②失常，相火妄动，无时不然，精道之气，因思而动，因物所感，其精不待动作而来，故曰精滑。世之治者不究经旨，多作肾虚，用补肾涩精之药不效，不知由湿热以乘之也。故曰：梦遗精滑，湿热之乘，各有等焉。

【愚按】梦遗精滑之症，有用心过度，心不摄肾而致者；有因色欲不遂，精气失位，输精而出者；有色欲太过，滑泄不禁而得者；有年壮气盛而无色欲，精气满而溢者；有将欲交媾，不待输转精道，来而不禁者；有因小便出而精亦出者；有茎中痛痒，常欲行而不禁者。然观以上，此症于湿热相火之太多，乃因水中火发之症也，但不可一途而论。丹溪亦曰：梦遗者，夜梦鬼交而精泄，名曰梦遗，由心火旺而肾水衰。经又曰：非君不能动其相，非相不能使其精。治宜宁心益肾，使水胜火息可也，用归、芎、生地、麦冬、枣仁、山萸、黄柏、知母之类。又有遗精者，谓不因房事，自不知觉而精流出也。此由淫欲太过，思想无穷，遂致心不摄肾，阳虚不能维持，使精气失位而出，不知避忌者焉。其症令人肢体倦怠，饮食减少，治宜益阴壮阳可也，必用破故纸、菟丝子、当归、芍药、牛膝、熟地、枸杞、萆薢、五味、杜仲之属。其精滑者，不因梦交而精自泄

① 敝：败坏，衰败。
② 媾：原作“搆”，据文义改。

出。此由淫欲太过，不能滋养精元，肾本空虚，不能调摄正气，则精无所统，故妄流而为精滑者矣。治宜固阳益阴，亦用十全大补汤与之可也。又有便浊者，与前三症大不相同。经曰：便浊本热，有痰或虚，白浊属卫，赤浊属荣。然则小便浑浊而出，此由湿热之邪，渗入膀胱。《原病式》曰：血虚而热者，则为赤浊，气虚而热者，则为白浊，终无寒热之分。河间又曰：如夏月天气炎热，则水流浑浊，冬月天气严寒，则水澈清冷。由是推之，湿热之症明矣，治当审其赤白之异焉。若便而白者，是则湿热伤于气分，思虑有损心脾，法当补心而益脾可也，用补中益气汤加黄柏、黄芩；若便而赤者，此则湿热伤于血分，房劳有损肾气，治宜补肾而清膀胱之热可也，用四物汤倍加黄柏、山栀、车前等剂。此治便浊之大法也。《脉经》曰：遗精白浊，当验于尺，结芤动紧，二证之的。

【治法主意】初宜先导其热，次则补养心肾，久则升提下陷兼治热也。

痿

经曰：肺热叶焦，五脏因而受之，发为痿痹，本乎肺。又曰：痿唯湿热，气弱少荣，本乎脾。盖痿者，手足痿弱，难以运动者也，症见在脾。丹溪曰：治痿之法，独取阳明一经。何也？阳明者，胃与大肠之经也，泻腑则脏自清，和脾则肺自安。故肺金体燥，居上而主气，畏火者也；脾土性湿，居中而主四肢，畏木者也。或失所养，则土金之本易亏，而木火之邪易侵，如是肺热叶焦，皆由土弱不能生金，金亏不能生水，水火不交而痿症出矣。信乎痿之所以为病者，本于阴血之不足，阳气之沸腾也宜矣。若阴血既足，而能灌溉四肢，则阴阳和而气血顺，使指得血而能摄，足得血而能步，安有痿弱之形也哉？虽曰因于痰，因于湿，或有痰湿之不清，滞于经络，郁而生湿，久而成热，以致血液干涸，不能荣养于百骸，使筋缓不能自收持，其为痿也多矣。然其迹固虽不一，究其源实归于脾土之不足也。治疗之法，当泻南方之火，使肺得清化之令，而欲东方之不实，何脾伤之有？补北方之水，使心无炎烁之气，而欲西方之不虚，何肺热之有？故阳明实则宗筋润，能束骨而利机关者矣；湿热清则气血和，能行经络而通畅百脉者矣。治以四物汤加牛膝、枸杞、盐炒知母、黄芩、黄柏之类，使本固血足，而痿自可也。夫治痿之法，无出于此，断不可作风治而用风药，为害匪轻，医者宜深味之。

【愚按】痿之一症，全在湿热，由乎酒色太过，气血空虚，反加劳碌，筋骨有损，由是湿热乘之。热伤于气，在气不能舒畅其筋，故大筋緛①短而为拘挛者矣；湿伤其血，则血不养筋，而筋不束骨，故小筋弛长，而为痿弱者矣。治宜黄芩、黄连、当归、生地、独活、牛膝、秦艽、续断之类，切不可偏于风药而作风治，亦不可偏于补药而作虚论。此症宜利小便而除其湿热，宜用清凉而通利其气血，其症自可者也。虽有肺痿，痰唾稠黏，前方中可加贝母、鼠黏②、连翘、天、麦之类。若肾气亏虚，腰脊不举，髓竭力乏，行立不能，而为骨痿之症者，前方宜加五味、枸杞、山萸、熟地、虎骨、败龟之类。

【治法主意】风痿者，半身不遂，痰唾稠黏；湿痿者，痛重难移，面目黄色；热痿者，四肢不收，出言懒怯。

---

① 緛：原作“繻”，据清抄本改。
② 鼠黏：即牛蒡子。

痹附麻木不仁

《脉经》曰：风寒湿气，合而为痹，浮涩而紧，三脉乃备。《内经》曰：寒气胜为痛痹，风气胜为麻[①]痹，湿气胜为着痹。河间曰：痹者，留着不去，则四肢麻木拘挛是也。又曰：腰项不能俯仰，手足不能屈伸，动彻不能转移，此痹之为病也。大率痹由气血虚弱，荣卫不能和通，致令三气乘于腠理之间。殆见风乘则气纵而不收，所以为麻痹；寒乘则血滞而不行，所以为痛痹；湿胜则血濡而不和，所以为着痹；三气并乘，使血滞气而不通，所以为周痹；久风入中，肌肉不仁，所以为顽痹者也。治当驱风必用防风、防己，清寒必用羌活、独活，理湿必用苍术、厚朴，养正必用牛膝、当归之类，使经络豁然流通，而气血荣行腠理，则痹自疏而身体健矣。或者初起之剂，升阳除湿汤；调理之剂，当归拈痛汤；久而元气不足，补中益气汤。又有偏体懵然无所知识，不疼不痒而麻木者，此属气虚，湿痰死血之为病也。经又曰：手麻气虚，手木湿痰或死血，病其足亦然。又曰：遍体麻木者，多因湿痰为病，非死血也。如死血者，或有一处不疼不痛，不痒不肿，但经紫黑色而麻木者，是其候也。宜行血破血治之，如红花、牛膝、桃仁、归须、白芷、川芎、丹皮之类。如湿痰者，或走注有核，肿起有形，但色白而已，治宜清湿降痰，用二陈汤加苍术、枳实、黄连、厚朴之类。或气虚者，必用补气而行气，用四君子汤加厚朴、香附之剂。血虚者，宜养血而生血，如四物汤加生地、红花、枸杞、香附等剂。如此调治，则气血和平，焉有麻木之患也？又有所

---

① 麻：按《素问·痹论》作“行”。

谓不仁者，谓肌肤麻痹，或周身不知痛痒，如绳扎缚初解之状，皆因正气空虚而邪气乘之，血气不能和平，邪正有相互克，致使肌肉不和，而为麻痹不仁者也。或有痰涎不利，或有风湿相抟，荣卫行涩，经络疏散，皮肤少荣，以致遍体不仁，而有似麻痹者也，轻则不见痛痒，甚则不知人事。治宜驱风理气而兼养血清湿可也，用二陈汤加归、术、天麻、防风、防己、芩、连之属。如不效者，去芩、连加薄桂。

【愚按】痹、痓、痿及痛风之症也，夫痹者，气之痹也，周身不能转移而动彻沉重者也；痓者，气之滞也，手足不能屈伸，肢体如僵仆也；痿者，气之软弱也，肢体沉重而痿弱难行者也；又有痛风者，浑身作痛，举动不能移，转彻痛欲死者也。四者之间，依稀相似，皆因风寒湿之为病，临症当明辨之。且如风胜则强直不收，当驱其风；寒胜则绵绵作痛，当温其经；湿胜则重坠难移，当清其湿。此施治之大要，亦从当归拈痛汤，量其风寒湿之轻重而取法用治。

【治法主意】治痿莫先于清热，治痹莫贵于行气。

厥

丹溪曰：厥者，逆也，手足因其气血不行而逆冷也。其症不一，有阳厥，有阴厥、气厥、痰厥等症生焉。且如阳厥者，由其热生于内，元气不足，不能通泄，则发厥而逆冷矣，宜以十全大补汤。又有醉饱入房，气结于脾，阴气虚弱，阳气不充，致使阴在外，阳在内，令人四肢不荣，手足厥逆，有似阴症所发，但面目红赤，大小便秘结，其脉伏而数者是也，宜以补中益气汤。设若阴厥者，因其纵欲太过，阳亏于内，精损于外，邪气偶入，阳衰精竭，不能荣养，反被克伐，腑脏生寒而发厥也。其症始得之，身冷脉沉，四肢厥逆，屈足倦卧，唇口青黑，或自利不渴，小便清白，是其候也，治宜理中汤、四逆汤之类。设若痰厥者，乃寒痰壅塞，口吐涎沫，咽中有声或气喘促，其脉滑而有力，宜用二陈汤加竹沥、姜汁，或导痰汤、瓜蒂散之类。气厥者，与中风相似，但中风浮脉且多痰涎，气厥身冷亦无痰涎，脉必沉细。或有气滞而不来者，盖因怒气郁闷滞塞而发厥也。宜用苏合香丸，先擦其齿，复用淡姜汤化下，俟醒，再用二陈加厚朴、香附、枳、桔之剂，气虚者加参、术，冷甚者加炒黑干姜。大抵此症多因元本空虚，郁结所致，故子和云：治厥之症，当以降痰益气，温中健脾，未有不愈者也。又曰：视厥之症，手冷过肘，足冷过膝者死，手指甲青黑者死。

【愚按】厥之一症，有阳厥，有阴厥。仲景云：阳厥脉沉而不见，时一弦也；阴厥脉沉而微，时多伏也。阳厥则自汗身冷，阴厥则自利唇青。阳厥则渴而心烦，阴厥则倦而静卧。阳厥则承气汤可施，阴厥则理中汤可用。阴阳虽一厥之间，认误则立死可见。又有气厥者，因惊因气而来，则手足寂然冰冷，心气不相接续，口出冷气，卒然而仆，此气厥也，宜前方苏合、二陈审用。有血厥者，因而吐衄过多，上竭下厥，先致足冷，有如水洗，冷过腰膝，入腹即死，此血竭而作厥也，皆由阳气妄行于上，阴血无所依附，气血相离，不居本位，宁有不死之理乎？必须急用大蒜捣烂，罨于涌泉，或以热手频擦脚心，次用二陈汤加参、术、当归、炒黑干姜之类，此药劫剂，不可多服，但欲其阳复血止耳。有痰厥者，痰气妄行于上，咳嗽连续不已，气急喘盛，坐不得卧，以致上盛下虚而作厥也，名之曰痰厥。宜以二陈汤加厚朴、白术、黄芩、山楂，降下痰气，使复归于脾之脉络，则足可温，不致厥矣。或有尸厥者，因而元本空虚，及入庙堂塚墓，心觉惊闪，偶尔中恶之气，冒感卒然，手足冰冷，肌肤粟起，头面青黑，精神不守，错言妄语，牙关紧急，不知人事，卒然而中，此尸厥也。宜以苏合香丸灌之，俟用二陈汤加苍术、香附、当归、厚朴之类。亦有蛔厥者，胃中虚冷，蛔不能养，妄行于上，致令上吐，蛔虫多出，心气虚惊，傍惶[1]不宁，致使手足冰冷而作厥也，故曰蛔厥。治宜安蛔暖胃，如二陈汤加吴茱、干姜、白术、黄连、乌梅之类。

【治法主意】厥多痰气虚热所乘。

痉

经曰：诸痉强直，皆属于湿。又曰：诸暴强直，皆属于风。《原病式》曰：筋胫强直，而属血虚生风之谓也。夫肝木属风，故主筋，若曰诸暴强直而属风，理必然也。其所谓诸痉强直而属于湿者，何欤？盖痉之初起，肢体重痛难以转移，此属湿也，久而湿伤其血，则血不养筋，筋不束骨，致令筋急直强而痛不可移也，故属乎风。仍知太阳湿胜则兼风化，正所谓亢则害，承乃制也。是知痉为病者，湿为本而风为标耳。仲景云：凡治伤寒之病，身热足寒，颈项强直，自汗面赤，口噤反张者，痉也。痉则当分刚柔之治也，如太阳病发热恶寒而无汗，手足拘挛者，曰刚痉；微热汗出不恶寒，手足软弱者，曰柔痉。又曰：风气胜则为刚，若风性刚急故也；湿气胜则为柔，若湿性柔和然也。原其所自，非惟风湿相侵，亦且去血过多，筋无所荣，而邪得以入之也，亦有之矣。殆见产后，金疮，或跌仆[2]伤损，

① 傍惶：心神不宁貌。傍，徘徊；惶，恐惧。

② 仆：原作“蹼”，据文义改。

或痈疽脓溃，或发汗过多，一切去血之症，皆能成痉。又有湿热虚损，自汗痛风，亦能为痉。此知虚为本而风为标耳。或有绝无风邪之人，而患筋脉挛急，为角弓反张之候者，此血虚无以养筋故也。又有老人虚人，血气衰少，夜遇阴寒，而脚腿筋抽痉急者，亦风乘血室故也。丹溪云：凡遇痉症，宜补虚养血，少兼降火，切不可作风治而用药兼风，恐反燥其血室而致不救之患也。经曰：治风先治血，血实风自灭。此理究可明矣。宜用当归、芍药以姜制之，人参、南星以竹沥制之，加秦艽、续断以养其筋，独活、牛膝以行其血。此治痉之法，神验矣。

【愚按】肝主筋，筋之动彻皆由肝血之所养也。今也筋不动而缩，有为反张之症，强直之见，此因血不养筋，而筋不缩骨者尔。惟夫血气内虚，外为风寒湿热之所袭，则筋急拘挛，有见痉病之所作矣。故曰：以风散气，有汗而不恶寒者为柔痉；寒泣其血，无汗而恶寒者为刚痉。原其所因，多由血少，筋无所营，然邪得以袭之。所以伤寒汗下过多，与夫病疮之人及产后致此症者，概可见矣。

【治法主意】治风当治血，血实风自灭。

癫　狂

《举要》曰：癫狂阳炽。《难经》曰：重阴者癫，重阳者狂。《内经》曰：多喜为癫，多怒为狂。二说不同。大率察病之因，为求望高远不遂者有之；或因气郁生痰，而痰迷心窍者有之；或有气郁生热，而热极生风者有之。又曰：狂为痰火，实热盛也；癫为心虚，血不足也。癫者行动如常，人事亦知，但手足战掉，语言蹇涩，头重身轻，其脉浮滑而疾；狂者弃衣登高，逾墙上屋，骂詈叫喊，妄见妄闻，其脉沉紧而实。癫由心气之不足，宜以养血清痰之剂，如二陈汤加全蝎、白附子、防风、黄芪、当归、秦艽之类；狂则痰蓄中焦，胃中实热，以二陈加大黄、枳实、黄连、瓜蒌子之类。

【愚按】手足动摇而语言蹇涩者，谓之癫；骂詈叫呼而乘力奔走者，谓之狂；不知人事而行动失常者，谓之痴；语言不出而坐立默想者，谓之痓；不知饥饱而语言错乱者，谓之疯；又有不避亲疏而忽然出言壮厉者，谓之妄语；寤寐呢喃而自言心事者，谓之郑声；开目偶见鬼神而心神不定者，谓之狐惑。凡此数病，皆因神志不守，作事恍惚，一时痰迷心窍，更加火热郁结，痰涎壅盛，神思不定，卒然为病者焉。治宜清痰降火为要，次兼安养心神、益血荣脾之剂与之，如初用苏合香丸散理痰气，次用牛黄清心丸安养心神，治无不效者也。若用煎剂，如二陈汤加芩、连、胆星、归、术、犀角亦可。

【治法主意】狂由热至，当清其热而利大便；癫因痰生，当开其痰而养血气。

痫

夫痫有五，合五脏之气而为病也。《内经》曰：巨阳之厥，则首肿头重而不能行，发为眩仆。是皆阳气逆乱，卒然暴仆，不知人事，气复返则苏，此痫之症也。虽有牛、马、猪、羊、鸡痫所发之类，不出①乎痰涎之不利，风气之②所生，壅滞腑脏，卒然眩仆，时作时止，而手足动摇者也。法宜理气清痰降火为要，遂使气清则痰亦可降，而痫亦可止也。用二陈汤加芩、

① 发之类，不出：原脱，据清抄本补。
② 不利，风气之：原脱，据清抄本补。

连、天麻、南星、枳壳、山楂、全蝎之类。《脉经》曰：癫痫之脉，浮洪大长，滑大坚疾，痰蓄心狂。

【愚按】癫痫症有五，应乎五脏，和乎五畜之所发也。吾尝见之，心痫因惊而发，心烦闷乱，躁扰不宁，舌多吐出，涎沫满口，来时速而去亦速也。肝痫因怒而起，怒不得越，痰涎壅盛，口多喊叫，面青目瞪，右胁作痛，而中气作闷者也。脾痫者，饮食失节，饥饱无时，逆于脏气，痰蓄生痫，发则手足搐搦，唇口掀动，痰沫外出，卒然而仆也。肺痫者，因而忧悲太重，痰涎入肺，发则声嘶啼泣，旋晕颠倒，目睛上瞪，恶寒拘急，气下则苏也。肾痫者，因而淫欲太过，内气空虚，脏腑不平，相火妄动，郁而生涎，闭塞诸经而作痫也。其症腰背强直，头眩旋晕，因恐而发，此肾痫也。大抵五脏之痫，各随五脏所治，皆以清痰降火为要也。或加以五脏补养之药，有风者驱其风，有痰者豁其痰，因气者清其气，因惊者镇其惊，各随所得之由，而加减用治可也。设或阳痫者，发之于昼，当以壮阳为先；阴痫者，发之于夜，亦以益阴为要。俱不出乎二陈为主。虽然因惊用乎安神定志等丸，因风用乎续命三化等汤，不若二陈汤为主，加以引经清痰养血最妙。

【治法主意】阳气逆乱，发为暴仆，治当清阳利气可也。虽有痰涎，以兼治之。

卷七

耳

耳属足少阴肾经，肾之窍也。肾气充实则耳聪，肾气虚败则耳聋，肾气不足则耳鸣，肾气结热则耳脓。《内经》曰：肾者，作强之官，技巧出焉。又曰：耳为肾之候。肾虽通窍于耳，然耳之为病，非独肾病也，亦兼少阳治之可也。何也？肾之为脏，水脏也，天一生水，故有生之初，先生二肾，而水主之，水主澄静，故能司听。又有相火存于命门之中，而三焦为之腑，每挟相火之势，而侮所不胜，经所谓一水不胜二火者是也。其或嗜欲无节，劳伤过度，水竭火胜，由是阴不升而阳不降，无根之火妄动于上，则耳中嘈嘈有声者焉。或少年妄作，或中年多劳多气，或大病后不断房事，致令肾水枯少，阴火沸腾，故耳中哄哄有声，其人昏昏愦愦者焉。俱宜滋阴补肾之剂，无有不安者焉。钱仲阳曰：肾者，作强之官，有补而无泻。此理明矣。经又曰：气虚耳聋，火聚耳鸣。此气者，少阴肾经不足之气也；火者，少阳三焦有余之火也。气当宜补，火当宜泻。丹溪又曰：耳闭者，乃属少阳三焦之经气之闭也；耳鸣者，亦属少阳胆经之火痰之郁也。气闭者，宜当清气而开郁；痰火者，宜当降火而豁痰。又有气逆壅盛而暴聋者，宜以清痰降火理气为先。体虚不足而久聋者，宜以养血滋阴降火为要。至若耳鸣之症，亦如是也。或者久聋难治，先用小柴胡汤清痰理气以治其标，后用补中益气汤扶元益阴以治其本，致使水升火降，得以平和，此治聋之大法也。至若肾虚而耳鸣者，其鸣大盛，当作劳怯而治，大病后而耳聋者，其聋气虚，当作劳损而治，俱宜补中益气汤加知、贝、玄参、花粉之类。设或耳痛者，亦有肾虚水不能制三焦之火，火挟热而行上，致令耳内作痛，其声嘈嘈大鸣者也，治宜补肾降火，用四物汤加连翘、玄参、黄柏、知母、熟地、五味、黄芩、天花粉之类。又有停耳者，耳内有生赤肉，或有脓肿是也。此由气郁生痰，内火攻冲，肿似赤肉，或兼脓汁溃烂，谓之停耳。治宜清痰降火为要，用二母汤加玄参、天花粉、黄芩、山栀、连翘、柴胡、蔓荆子之类。或有耳前跳痛者，此三焦之火动也，此经多气少血，然其火动则血愈虚而火愈胜，因络会于此也。治宜降火清热，用芎归汤加芩、连、山栀、玄参、连翘、升麻、石膏之类。又有胆经之脉，亦络于耳，若耳后攻击作痛作肿者，此由少阳之火妄动于上，亦宜泻火之剂，而少佐养血之药，用以玄参、黄连、柴胡、胆草、连翘、山栀、青皮、归、芍之类，遂使水升火降，无有不安者也。

【愚按】耳之为病，肾病也。盖肾虽开窍于耳，而耳之为病者，实系于手足少阳二经见症也，不独肾之为然。然阳主乎声，阴主乎听，如寂然而听，声必应之，此阴阳相合，气之和也。设或肾水亏弱，气不能升，火不能降，填塞其间，则耳中嘈嘈有声，谓之耳鸣。或有年老气血衰弱，不能全听，谓之耳闭。少年斫丧，阴虚不足，谓之劳聋。病后劳损不能戒守，谓之虚闭。气郁不乐，情思困倦，耳不能听，谓之暴聋。凡此数件，治当因其病而药之也。

目

经曰：目为五脏之精华，一身之至要，盖应乎五脏而主乎肝者也。夫赤脉两眦，有属乎心，若胬肉红起而遮盖白睛者，此心火克于肺金也。乌精圆大者属肝，若乌睛红赤者，此肝火旺也。眼胞上下属脾，若胞烂红肿有瘤出者，此脾火盛也。满眼白睛属肺，若白睛红多而有膜者，为肺火动也。瞳人属肾，若眼目无光，瞳人反背者，为肾水亏也。此目之所以统乎五脏，而五脏之所以得病于目者然也。故经曰：肝者血之海，开窍于目，而目为之主也。又曰：目得血而能视。然血气胜则睛明，血气衰则睛昏，睛衰则视物不明矣。所以视植物为动物，视近物为远物，不能真知，乃神光之不足也，俗呼为近视眼。又有血之不足者，遇晚不见，视物𥇧①𥇧然，如网在目，俗呼为鸡朦眼。亦有目中赤白不杂，但无神光，视物不真，俗呼为青盲眼是也。有雀目者，不能正视而斜视；有反目者，不能下视而上视，乃眸子之病也，非药可除。若曰肝热则多泪，心热则多眵②，火盛则多痛，脾虚则多肿，血虚则多酸，气虚则多涩，精竭则眼昏，神竭则眼黑，风胜则眼痒，热胜则眼胀，火胜则眼红，湿胜则眼烂。又有拳毛倒睫，乃脾热盛也；胬肉攀睛，乃心火余也；翳膜侵珠，乃气郁肝也；瞳人上星，乃肾不足也。此五轮之为病也，由五脏之虚实也。又曰：太过则壅塞而发痛，不足则涩小而难开。在腑为表，当驱风而散热；在脏为里，当养血而清心。大抵治疗之法，宜用四物汤养血为主，但佐以制火之药，如心火胜者加芩、连、犀角，肝火胜者加芩、连、胆草，脾火胜者加黄连、芍药，肺火胜者加芩、连、山栀，肾火胜者加栀、连、炒柏。设若五脏之不足者，宜用补养之法，如

---

① 𥇧（huāng 荒）：目不明也。
② 眵（chī 吃）：眼汁，俗称眼屎。

气虚补气，加以参、术，血虚补血，加以芎、归，或少佐凉剂，此凉补而火自除也。切不可轻用刀针点割，偶得少愈，出乎侥幸，苟有失误，终身之害。然又不宜过用寒凉之药及冷水淋洗，恐有血凝而不散，则成痼疾，必须量人之虚实老少。若久患昏暗无光，或生冷翳，则当滋补下元，以益肾水，如四物汤加枸杞、人参、犀角、甘菊、菟丝子之属。如风热胜者，当用驱风而散热，不可一于风药，但前方中加以防风、连翘、羌活、蒺藜之类。如北方之人，患眼最多，皆因日冒风沙，夜卧热坑，二气交争使然。盖北方与南方禀受不同故也，况又地土严寒，多食烧酒、葱、韭、蒜、面、姜、糊等物，内外交攻，并入于目，故用四物汤加大黄、芒硝、黄芩、黄连、防风、连翘、羌活、蒺藜、石膏之属。尝观古人治目之病，在内汤药，不可一于苦寒，亦不可专攻风药，必须苦寒以治火，少加辛温以散热；在外点洗，用辛热辛平以行之也。故点药莫要于冰片，而冰片性大热，故藉此以拔火毒，或散其火热。但世人不知冰片，而以为劫药，误认为寒，常用点药，遂致积热在内，昏暗瘴翳，故致不见，俗曰眼不点不瞎者此也，戒之！

【愚按】目之为病，因气而发者则多涩，因火而发者则多痛，因风而发者则多痒，因热而发者则多眵，因怒而发者则多胀，因劳而发者则多沙，因色而发者则多昏，因悲而发者则多泪，因虚而发者则多闭，因实而发者则多肿。又有飞丝入眼，则多胀而红；飞尘入眼，则多胀而涩；胞内发瘤，则珠转而痛；拳毛倒睫，则珠痒而疼。元气不足，则目酸而难开；血虚不足，则目痒而多涩；气虚不足，则羞明而多闭；气血俱虚，则视物𥌒𥌒然而不明；气血空脱，则目暗无光而不见，有必死之症也。治当因是求之。

【治法主意】眼症必以养血为主，不可骤用风药，风胜有动于火也。初起先攻其风，患久先养其血①。

口

《内经》曰：口之于味也，皆统于脾。盖脾热则口臭，脾燥则口裂，脾冷则口紫，脾败则口黑，脾寒则口青，脾虚则口白，脾衰则口黄，脾弱则口冷，脾实则口红。《经》曰：中央色黄，入通于脾，开窍于口，藏精于脾。故口之为病，乃脾病也。或舌本强硬，或燥热糜烂，或当唇破肿，或鹅口生疮，或风热内攻作肿，或积热蕴蓄成痟，是皆口之为病也。原其所因，未有不由七情所忧，五味过伤于脾者也。经又云：阴之所生，本在五味，而脾之本宫，亦伤在五味也。又曰：肝热则口酸，心热则口苦，脾热则口甘，肺热则口辛，肾热则口咸，胃热则口淡。此五脏之气所统于脾，而亦寄旺于四脏者然也。若脾之为病，从五脏移热而得者，亦有之矣。殆见谋虑不决，肝移热于胆而口苦；劳力过伤，脾移热于肾而口破；相火妄动，肾移热于脾而口干；胃气虚弱，肝移热于脾而口酸；又有膀胱移热于小肠，膈肠不便，上为口糜，生疮而溃烂。此五脏相移之热症也，当从其移热而治之。

【愚按】唇为口之户，齿为口之门。然口之为病而见于唇者，唇肿即口肿也，法宜清热降火，用芩、连、玄参、连翘、山栀、花粉、石膏之类。又有口燥裂痛者，由脾胃之火邪，蕴蓄中焦，或食辛热之物太过，遂使口燥裂痛，治宜通泄脾气，降理火邪，如黄芩、黄连、山栀、大黄、玄参、花粉、连翘、

① 初起……养其血：原脱，据清抄本补。

生地之类。又有口内生疮而作痛者，或因忧思劳苦，夜不得卧，日不得安，起居失宜，不能静养，以致心脾火动，口舌生疮，饮食难入，喜寒饮而恶热也，治宜降火清热，用归、芍、生地、芩、连、贝母、花粉、连翘、玄参之属，此治脾火之药也。如上文之病，寒兼温之，如赴筵散之类；风兼散之，如消风散之属；热兼凉之，如凉膈散之类。设若脾虚不足者，法宜温补，用二陈汤加参、术、炒黑干姜、黄连之属。若七情郁结，以致浮游之火，上行口齿，宜二母汤加玄参、花粉、芩、栀之类。如积热成痞，当清热凉脾，又从而消导之，治宜黄芩、黄连、厚朴、香附、山楂、神曲、白术、槟榔之属。如五脏移热于脾，当从其所移而治之，不可又损其脾也，但脾虚而受所移，今当补脾而清热可也。余章仿此。

【治法主意】口病应乎腑脏，俱统于脾，凡七情六欲五味，皆能致病也，治当因病而求之。

鼻附鼻酸、鼻梁痛

西方白色，入通于肺，开窍于鼻。盖鼻者，肺之窍也，十二经脉，气之宗也。经又曰：肺为诸脏之华盖，其气高，其体燥，其性恶寒又恶热也。是故好饮之人，酒热用多，非惟肺脏有伤，亦且郁热久蓄，则见于外者，而为鼻齄①红赤之症，得热愈红，得寒则紫，此为热极似冰之象，亢则害，承乃制也。治宜山栀、凌霄花之类。又有触冒风邪，寒则伤于皮毛，而成伤风鼻塞之候，或为浊涕，或流清水。治宜先解寒邪，后理肺气，使心肺之阳交通，而鼻息之气顺利，则香臭可闻者也，如

① 鼻齄（zhā 扎）：即酒渣鼻。齄，鼻子上的红斑。

桂枝汤、参苏饮之类，量其时令而与之。又曰：清涕久而不已，名曰鼻渊。此为外寒束而内热甚也。《原病式》曰：肺寒则出涕，肺热则鼻干。出涕谓之鼻渊，鼻干谓之鼻燥，当以清寒散热可也。寒宜败毒散，热宜防风通圣散之类。又有胆热移于脑，则浊涕下流，而为脑漏之症，其涕出，臭不可闻，宜以清热凉肺，如芩、栀、玄参、花粉、黄芪、连翘、升麻之类可也，不若囟门中灸之立止。亦有肝移热于脑，则迫血妄行，而为鼻衄之症，其血出不能止，宜以养血凉血可也。不若手之中指上节，以红线扎之立止，次以犀角地黄汤服之。或有鼻内生于息肉，乃为鼻息不利之症，宜当点去息肉，用硇砂、雄黄之属。鼻内生于痈痔，乃为鼻窍不通之症，宜当散去痈痔，用辛夷、连翘、金银花之类。大抵鼻为肺之窍，除伤风鼻塞之外，皆由火热所致，俱用清金降火可也，治以芩、连、山栀、生地、玄参、连翘、花粉、麦冬之属。又有鼻内酸疼而壅塞不利者，此由肺气空虚，火邪内攻，有制于肺，故作酸疼者焉。治宜清金降火，而酸疼立除者也，用玄参、天花粉、黄芩、天门冬、桔梗、山栀、桑皮、杏仁之类。又有胃之络脉亦系于鼻梁，若鼻梁作痛者，不可专于肺论，亦因胃火之所动也。治宜清金之剂，兼降胃火，如芩、连、山栀、玄参、连翘、辛夷、石膏之属。

【愚按】鼻者，肺之窍，喜清而恶浊也。盖浊气出于下，清气升于上，然而清浊之不分，则窍隙有闭塞者焉，为痈，为痔，为衄，为涕，诸症之所由也。在治者须以清气为主，又降火兼之，因其肺本属金，而畏火者论之，则治之无不明矣。

【治法主意】肺主气，开窍于鼻，鼻之为病，肺病也。治当以清气为主。

咽　喉

咽者，嚥也，咽所以嚥物；喉者，候也，喉所以候气。咽则接三脘以通胃，喉有九节通五脏以系肺，虽曰并行，各有司主，以别其户也。盖咽喉之症，皆由肺胃积热甚多，痰涎壅盛不已，致使清气不得上升，浊气不得下降，于是有痰热之症见焉。吾知壅盛郁于喉之两傍，近外作肿，以其形似飞蛾，谓之乳蛾。其症有单有双，单发于喉旁，红肿有脓头，起尖似乳，色白似蛾，一边有者谓之单乳蛾，两边有者谓之双乳蛾。或曰在左者肺病，因气之所得也；在右者胃病，因食热毒之所使也。肺病者当用黄芩、山栀、贝母、天花粉、玄参、连翘等剂，胃病者亦用大黄、芒硝、玄参、天花粉、贝母、黄连、连翘等类，此分治之大法也。设或差小者，名曰闭喉；痰盛者，名曰喉痹。二者之发，咽门肿闭，水谷难入，痰涎壅盛，危似风烛。先以醋吞[1]口内，去其风涎，一二碗，然后用以吹药化尽老痰，如硼砂、冰片、玄明粉之类，此开闭之大法也。设或结于喉下，复生一小舌者，名曰子舌、重舌。结于舌下舌旁为之肿者，名曰木舌、胀舌。热结于咽喉，肿绕于喉外，且痒且麻，又胀又大，名之曰缠喉风。治宜防风通圣散之类，或大承气汤及雪里青草药皆可。亦有暴发暴死者，名之曰走马喉痹。其名虽殊，火则一也。少阴君火，心主之脉，少阳相火，三焦之脉，二经之脉并络于喉，故经云，一阴一阳发为喉痹者，此也。由乎气热内盛，胜则为结，结则肿胀，肿胀既盛，喉则闭塞不通，有死之兆也。其症咽嗌干痛，喉咙作肿，颔不可咽，舌不可吞，

① 吞：原作“谷”，据清抄本改。

水谷难入，入则反往鼻孔出，故曰喉闭，皆君火之所为也，相火之所使也。经曰：甚者从之。又曰：龙火者以火逐之。然古人治喉等症，悉用甘桔汤调治，使缓其气而可治火也，或用甘草、薄荷、白矾为末，井花水①调吞，先去其痰，待后可用硼砂、冰片、玄明粉、甘草、白矾等药为细末，吹入喉中，坠火清痰，亦妙。

【愚按】咽喉之症，未有不由肺胃二经为病也。盖肺主气，阴阳自夫流行，此为生生不息之所，神机动作之处，物我莫不由之而寄生也。惟夫嗜欲无节，劳苦奔驰，或暴怒不舒，郁结生痰，致使阴不升而阳不降，水无制而火无熄，金被所伤则咽嗌干燥，火热壅盛则肿胀生疮。近于上者，谓之乳蛾、飞蛾，近于下者，谓之喉痹、闭喉，近于舌本者，谓之木舌、子舌，近于咽嗌者，谓之喉风、缠喉风。八者之间，名虽不同，而病皆出于热也。经云：一阴一阳，结为喉痹。热结火盛，疮肿易出，疮发喉上，肿发喉下，疮可出血，治之而易，肿则作胀治之者难。大率气之结者非辛不能散，热之胜者非凉不能除，必用薄荷、冰片之辛凉，胆矾、玄明粉之酸寒，硼砂、青黛之苦涩，研为细末，吹入喉中，含咽之间，热能可散，闭能可开者也，此施治之大法。

【治法主意】凡遇喉症，清痰降火可除；肿胀胞瘤，刺血泄气自可。

舌

夫舌者，心之苗。心灵出于舌也，心无舌则不能通畅其声，

① 井花水：亦作“井华水”，清晨初汲之水。《本草纲目·水部·井华水》：“宜煎补阴之药（虞抟）。宜煎一切痰火气血药（时珍）。”

舌无心则不能转达其理，此心通乎舌，而舌乃心之苗也。又曰：脾者，舌之本也。脾和则知五味，脾热则舌破生疮，脾寒则舌冷而战兢，脾虚则口淡而不知味，使健运之机失矣，脾衰则不能荣养其身，而生化之机无矣。故心者君主之官，神明出焉，脾者仓廪之官，五味知焉，乃为心脾系乎舌本。思虑损伤心脾，或因风痰之所中，则舌卷而难言；七情之所郁，则舌肿而难食；三焦蕴热，则舌结燥而咽干；心脾火动，则舌粗重而口苦。又谓心热则舌裂生疮，脾热则舌结生苔，胃热则舌本强而难言，肺热则舌燥而声哑，肾热则津液竭而舌枯。又有热结于舌下，复生一小舌，名曰子舌。热结于舌本，则舌为之肿，名曰木舌。大法俱宜泻心脾之火而滋养北方之水，如芩、连、山栀、连翘、玄参、地黄、当归、天花粉之属。又有伤寒验苔之法，殆见舌上白苔为薄粪，此里虚也；黄苔为结粪，此里实也；黑苔为黑粪，此热结也。如苔见有涎滑者生，有津液者美。殆见燥裂焦黑而起芒刺者死，若无苔而舌燥者重，无一毫之津液者死，舌卷囊缩者死，下利白苔者死。又有舌长一二寸者死，如点冰片即收，收则亦死。

【愚按】舌属火，其性上炎，得水所制，气血和平。如无其制，则舌燥而难言；涎痰壅盛，则舌强而难吞；津液结鞕，则舌卷而难伸。此舌之为病也，由津液之不生也。生津之法，在乎滋阴，阴精上行，则火自降。故曰：火无水不制，水无火不生。治舌之法，当以降火滋阴为要也。

【治法主意】治舌莫若生津，降火莫贵滋阴，虽有痰涎壅盛，苟能通津液，痰自豁也。

积　聚

夫积者，阴也，五脏之气，积蓄于内以成病也。聚者，阳也，六腑之气，聚而不散以为害也。于是症之所因，皆由痰之所起，气之所结耳。《脉经》曰：积在本位，聚无定处，驶①紧浮牢，小而沉实，或结或伏，为聚为积，实强者生，沉小者死，生死之别，病同脉异。又曰：肝积肥气，弦细青色，心为伏梁，沉芤色赤，脾积痞气，浮大而长，其色脾土，中央之黄，肺积息贲，浮毛色白，奔豚属肾，沉急面黑，此五脏成积之色脉也。其聚如何？且如胃聚而生中满，胆聚而生气逆，小肠聚为癥瘕，大肠积聚为秘结，心主聚为怔忡，膀胱聚为溺涩，此六腑聚之为病也。治宜调其气而破其血，豁其痰而行其积，如二陈汤加楂、朴、槟榔、枳壳、香附为主，积加黄连，聚加山栀等类，使气行而痰豁，则积可除也，气行而火降，则聚可散也。

【愚按】积于腑者易治，积于脏者难治，积于肠胃之间者易治，积于肌肉之分、腠理之间者难治。何也？积者，痰之积也，血之积也。聚者，气之聚也，气之郁也。气可易散，痰则难除。设或痢疾于肠胃之间，血瘀于胸胁之内，然可破其血而行其滞也。设或瘤核结于肌肉之外，痞满积于分腠之中，此则欲行而不能行，欲破而不能破也。若或聚之为病，有能散气开郁，治无不可者矣。吾见血瘕之症，紫苏、灯草煎汤，时时服之，则气散而瘕可除也。虽然积之难行，但槟榔、黄连行气之药，服多而气行，积亦可行者矣。至若皮里膜外之症，而药力不可到者，惟针灸可治。

【治法主意】肝可散气而行痰，心可养血而清气，脾可豁痰而健运，肺可理气而清痰，肾可温经而行积聚、可破气而调中，此治积聚之大法也。

---

① 驶（kuài 快）：通“快”。迅疾。

癥　瘕

癥者，徵也，气聚而成癥，发无定处也。又曰：发于小腹，下上无时，发作见行，发已而不知所去者也。治宜散气之剂，佐以升提之药，如二陈加青皮、山楂、升麻、柴胡、香附、当归、黄芩之类。瘕者假也，假物成形，血之积也。皆由经产之后，血行未尽，男女交媾，致使恶血阻滞其间，不能尽出，日积长大，小腹有块，疼胀不时者也。治宜破血行血之剂，如芎、归加红花、苏木、香附、乌药、丹皮、白芷、炒黑干姜等剂可也。《脉经》曰：血瘕弦急而大者生，虚小弱者，即是死形。

【愚按】癥瘕之症，在妇人有之，由乎气聚而血不行也。盖男女交媾之间，男子多泄，女子多闭，阴火即起，闭而不行，陷于小腹，是则为癥，癥当行气可也。又或当经之时，经行未尽，交媾阻塞，血室有伤，留而不散，是则为瘕，瘕当破血可也。

痞　块

痞者，否也，如物之否败而不能行也。其症胸中满闷，膈塞不通，有因伤寒下早而成者，名曰痞气。有因好食生冷油腻而食所得者，名曰痞积。有因久疟不止而生者，名曰疟母。有因痰喘不利而成者，名曰痰积。此症皆因气聚而生痰也，宜以行痰为主，不若清气为要，用二陈汤加黄连、枳实、山楂、厚朴、瓜蒌子之类。痞在上者，加海藻、昆布；痞在下者，加海石、槟榔。

块者，块也，皮肉有块，大者如拳，小者如核，不疼不肿，不红不硬，按之软，其色白，卒然发起，不能知觉而有形也，名之曰块。此症皆因怒气不能发越，郁而成痰，积而成块者也。宜以清痰理气为要，如枳桔二陈汤加青皮、黄连、山楂、枳实、瓜蒌子之类，甚者加槟榔、海石。如在皮里膜外而结块者，用行针灸。

【愚按】积在本位，有形之物，不能移动者也。聚无定处，气聚成形，散而不觉者也。痃者，悬也，悬于小腹，似块而挂下者也。又曰：子悬癖者，僻也，僻积于脐旁而作疼也，或曰弦气。癥者，徵也，气之聚也，气聚而若癥，气散亦无形也。瘕者，假也，此假物以成形也。痞者，否也，痰之积也，气否而不行，此留痰而为痞也。块者，塊也，气愧而郁痰，随处留痰而发块也。

【治法主意】痃癖癥聚以气言，痞块瘕积以痰血言，是各从其治也。

秘结

秘者，秘塞不通，非结燥也。结者，燥结不行，非秘塞也。又曰：秘则大便不利，腹中不宽，饮食无味，小便黄赤，口多粗气，欲便而便不得来，欲行而行不流利，登圊闭塞，欲去后而后不能尽之状。其症多因湿热所生，宜以清热导湿可也，用黄连、枳实、黄芩、山楂、柴胡、厚朴、杏仁、瓜蒌子之类。设若结者，结则结于肠胃，脾气不能运行，肠胃得热就结，若结聚而不散，则有湿中生热，湿热重并，皆成于燥结者也。其症胸满实痛，口燥舌苔，欲饮水而不既，身恶热而长吁，宜以承气汤下之，元虚者去大黄加黄连、黄芩之类。吾尝考之，五味之秀者养五脏，诸物之浊者归大肠。大肠者，司出而不纳也，今则停蓄蕴结，独不能疏导，何哉？由乎邪入于里，则胃有燥粪，三焦蕴热，则津液中干，此大肠结热而然也，宜以清热润燥可矣。虚人脏冷而血脉少，老人肠寒而气道涩，此大肠结冷而然也，宜以温中行气可矣。又有肠胃因风而燥结者，宜以驱风凉血可也。又有气不下降而谷道壅塞者，亦宜消导行气可也，不可擅用硝、黄、巴豆、牵牛等剂而通利之。《金匮》有云，北方黑色，入通于肾，开窍于二阴，如大便难行，取足少阴治之。何也？盖肾主五液，津液润则大便如常，如饥饱劳力，损伤胃气，及食辛热味厚之物而助火邪，伏于血中，耗散真阴，津液亏少，而有大便结燥之症。宜当滋阴养血，佐以行气之药，欲使大便必通为至，不可擅用通利之药，有损元气，致使愈通而愈结也。若吐泻后，肠胃空虚，服热药多而热结者，或风症后，肠胃干结，由乎风药过多而为风秘者，二者俱不宜承气下之，当用补养之剂，佐以和血之药。丹溪曰：养血则便自安是也。亦有肺受风邪，传入大肠，而为风秘之症者，宜以麻仁丸治之。或有年老气弱而津液不足者，大便欲行而不行，宜以补中益气汤加黄连、麦冬、桃仁与之。设或产后去血过多，内亡津液而为结燥者，宜以四物汤加桃仁、红花行之。如或大便秘，小便数，而为脾约之症者，此因脾血耗散，肺受火邪，无所调摄，致令大肠结燥，宜以养血和中，治用脾约丸主之。若能饮食，大便实秘者，麻仁丸主之。不能饮食，小便清冷为虚秘。气秘者，厚朴汤主之。此皆治秘结之大法也，医当记之。

【愚按】肾恶燥，急食辛以润之，此治结也，若桃仁承气之类。如少阴不得大便，以辛润之，乃治秘也，如麻仁丸之属。太阴不得大便，以苦泄之，小承气之剂。阳明不得大便，以咸软之，大承气之药。又曰：阳结者散之，非大黄、芒硝不能除；阴结润之，非杏仁、郁李仁不能效。如久病腹中有热，大便不行而燥结者，不可大下，以润肠丸与之。如风症用风药太重，大便秘而不来者，愈下愈秘，用消风顺气丸服之。如老人风秘，大便润而不行，脏中积冷而气道涩者，宜半硫丸与之。大率此症俱宜滋阴养血，使阳火不行燥热之令，肠金自化清纯之气，津液入胃，脾土运行，肠金自和，不为秘结者矣。慎勿过用峻利之剂，有害残喘，以取戕贼之祸者哉。

【治法主意】秘不可通，通则不利，结不可下，下不可妄投，如脉实大或沉而有力方下，切记①。

恶寒发热

恶寒发热，乃是寒症，此伤寒感寒，恶寒发热也，宜当解表，用麻黄、紫苏之属。如发热而恶寒，名为火症，由乎先热而后寒也，宜当救里，用二陈汤加炒山栀、姜炒黄连之类。亦有久服热药而得之者，非伤寒表症而恶寒发热也，乃平常自觉洒淅寒热耳，宜当滋阴凉血自可，用四物汤加生脉散之剂。或有积热动火，致令发热而恶寒也，宜当凉血之剂佐以苦寒之药，如归、芍、芩、连之类。若元虚而阳不足者，亦令发热而恶寒也，河间谓火极似水，热胜而反觉自冷，实非寒也，真元虚也。设若有用热药而少愈者，殊不知辛能发散郁遏之气，但有暂可者耳，不若用温补之剂可也，如二陈汤加参、术、归、姜之属。若寒不得热，是无火也。经曰：热之而寒者取之阳，由乎真火之不足也。王注曰：取之阳，所以益心火之不足，而必使其制夫肾水之有余也。经又曰：益火之源以消阴翳是也。东垣用补中益气汤甚可。恶热非热，明是虚症。经曰：阴虚则外热不常，

① 切记：原脱，据清抄本补。

阳在外为阴之卫，阴在内为阳之守。精神外驰，嗜欲无节，阴气耗散，阳无所附，遂致热散肌表之间，此恶热也，又非真热之症而欲寒解也，亦非伤寒发热而欲表散也。经曰：寒之而热者取之阴，由乎真水之不足也。王注云：取之阴所以益肾水之不足，而必使其制夫心火之有余也。经又曰：壮水之源以镇阳光是也。东垣用十全大补汤亦可。

【愚按】恶寒发热，因外感也；发热恶寒，因内伤也。乍发乍止，是火邪之有余，日以为常，乃元虚之不足。微热而恶寒，此阴虚也；大热而恶寒，此阳虚也。有汗之大热而恶寒，此表虚而里实也；无汗微热而恶寒，此表实而里虚也；有汗微热而恶寒，此表虚而里虚也；无汗大热而恶寒，此表实而里实也。无热无汗而昼夜恶寒者，名为痼冷，亦元虚之不足也。或有昼恶寒者，此阳虚也；夜恶寒者，此阴虚也。东垣又曰：内伤恶寒，得就温暖即解；外伤恶寒，虽近烈火不除。治法，外感者当发散，如麻黄、紫苏可用；内伤者当温中，如理中、四逆可行。又火者，二陈加炒栀；元虚者，四物加参、芪；阴虚者可补阴，如十全大补之属；阳虚者可壮阳，如姜、桂、附子之属。

【治法主意】恶寒发热是表症，发热恶寒是里症，当从其虚实而推之也。

卷八

妇人调经论

妇人得阴柔之体，以血为本。盖阴血如水之行地，阳气若风之旋天，故风行则水动，气畅则血调，此自然之理也。经云：二七而天癸至，任脉通，太冲脉盛，月事以时下，交感则有子矣。其天癸者，天一生水也；任脉通者，阴阳之通泰也；太冲脉盛者，气血之俱盛也。何为月信？月者阴也，信者实也，对月而来，应时乃合。常度参差，则曰不调，如调之后，则病不生。故经曰：血调气和，有子之象，否则逆之，诸病蜂起，势不可遏，如之奈何？又经曰：经水不及期而前来者，血热也，宜四物加黄芩、生地、白术、阿胶。过期而来者，血少也，宜四物加参、术、香附、红花、牛膝。闭而不来者，血枯也，宜四物加参、术、续断、金银花。淡者痰多，宜二陈加归、芍、白术、枳壳、黄芩之类。紫者热胜，宜四物加丹皮、生地、芩、连之属。热极则黑，调荣降火，宜四物加柴、芩、生地、蒲黄、童便之属。经遏作痛，虚中有热，宜四物加参、阿胶、生地、黄芩。行而痛者，宜四物加香附、泽兰、红花、桃仁，此血实也。不行而痛者，宜二陈加香附、芎、归、续断、牛膝、黑干姜，此血寒也，甚者去香附，加官桂。经行而过期痛者，宜四物加参、芪、姜、桂、牛膝、续断，此血虚也。在治者存而思之，乃调经不易之法也。若古方用耗气破血而调经者，岂宜也哉？且太冲者气也，任脉者血也，血气调和，此冲任之升降也。故经曰：气升则血升，气降则血降。若将耗其真气，则血无所施，正气虚而邪气胜矣，故血病自此所由生焉。若将破其血室，而血无所附，阴血虚而邪气胜矣，故气病自此所由生焉。二者之间，其经安得调乎？况心生血，脾统之，养其心则血生，实其脾则血足，气胜血和，乃无病矣。若耗气破血，岂是法哉？又有伤寒病不当行经而经行者，此热入血室也，宜以和解，少佐养血之剂，如小柴胡汤加当归、川芎、炒黑干姜、香附治之，使邪从血解可也。设或平日行经之时，如保产母，一失其宜，为病不浅。当戒暴怒，莫损于冲任，远色欲，莫伤于血海。少有抑郁，宿血必走于腰胁，为胀为痛，注于腿膝，为酸为软，遇新血击抟则疼痛不已，散于四肢则麻木不仁，入于血室则寒热不定，或怔忡[1]而烦闷，或谵语而狂言，或涌吐上出，或下泄大肠，其血皆因六郁七情之所致也，寒热温凉之不调也。治疗之法，心气拂郁而停经候者，以归、芍、川芎、香附、续断、牛膝以治之；瘀血蓄积散于四肢者，以大调经散行之；湿热阻经者，以苍朴二陈开之；潮热者，以逍遥散清之；入室寒热谵语者，以小柴四物主之；久而盛者，玉烛散下之；涌上吐者，治宜经行血顺自可，用四物加童便服之。苟能如此调治，免变他病，而孕育多矣。

【愚按】经水之行，当用热而不可用寒。寒则稽留其血，使浊血行而不尽[2]，为带、为淋、为瘕、为满、为积聚所由生也。虽欲治之，不可得已。莫不经行之时，食之以热，用之以温，禁生冷，避寒凉，远房室，勿郁结，则诸病何由而生也哉？

【治法主意】经行不可用寒，经闭不可用补。

① 忡：原作“冲”，据赵本改。
② 使浊血行而不尽：行，原无，据文义补。赵本作“使浊秽不尽”。

崩　中

经曰：阴虚阳抟谓之崩。丹溪曰：妇人崩漏者，皆因劳伤过极，有损冲任，则气血不能约制其宜，忽然冲逆而来，故曰崩中暴下。吾尝考之，崩中之症，有因产后不禁，男女妄自交媾，致伤冲任而来者。有因好食生冷之物，阻滞恶露，凝结而暴下者。有因临产，恶露不来，阻滞胞络，而一时崩中者。有先产而后崩者，有先崩而后产者。有当经不行，遇气阻格，若孕而成崩者。有妊娠劳伤气逆而大崩者。有年大气血衰弱，经脉不调，忽然而崩者。有年少情欲不遂，思伤心脾过极而作崩者。有中年情欲过多，损伤冲任而作崩者。然则名虽不同，而实在于冲任有损，经络阻滞者耳。殆见恶露一来，如山之崩，如水之来，势不可遏，故曰，阴虚阳搏谓之崩。治宜大补气血可也，如四物汤加人参、炒阿胶、炒荆芥、炒地榆、炒艾叶，临服加童便妙①。

【愚按】心主血，肝藏血，脾裹血。若崩中者，皆因心不能主，肝不能藏，脾不能裹也。何也？忧愁思虑则伤心，恚怒气逆则伤肝，饮食劳倦则伤脾。心伤则思而气结，肝伤则逆而不舒，脾伤则行而不止，此血之为病也，有为崩中之来也。治宜大和脾气，清理肝气，调摄心气，使血有所归，而心有所主，肝有所藏，而脾有所裹，此治崩中之大法也。否则不安其心，见血之来，而徬惶大惧，致令心火妄动，迫血妄行，使血如何而藏纳者乎？故曰，崩中之症，甚不可救者，此也。临症之时，必要使人安心静养，调摄肝脾，服童便得阴有所附，炒黑姜使

① 妙：原作“炒”，据赵本改。

阳有所归，配四物而养血和血，元虚者可加参、术，血晕者可加酒炒黄芩，或者以火醋烹，而收敛正气。如脉大者难治，冷汗出者难治，面青舌青者不治。

【治法主意】崩中之症，补养脾胃为主，切不可用寒凉之药，虽用黄芩、蒲黄、荆芥、香附，炒黑可用。

带　下

夫带下者，此湿热之邪，聚于胞络经脉而然也。其症皆因不善养生者值经水之来，恣性妄食生冷之物，或将凉水灌口净手，稽留恶血，凝滞不行，或行之不尽，又继之以房劳，有伤心肾，使经血蓄于下焦，留结不散，如是作疼作带者焉，但有赤白之分耳。治疗之法，带下白者，此湿热伤于气分，宜以理气清热，用香附、柴胡、青皮、白术、当归、生地、官桂、玄胡之属，热甚者加酒炒黄芩。带下赤者，此湿热伤于血分，宜以清热凉血，如归、芍、炒蒲黄、生地、丹皮、牛膝、黄芩之类。或因清气下陷而成带者，必四肢无力，法宜补养正气而兼升提之药，用补中益气汤加香附、条芩、肉桂可也。

【愚按】带下者，古人谓带脉系于腰肾，如带之盘桓，故曰带下。若男子亦有带脉，何其又无带来？女子未曾经行，何见有带下之理？此论非也。吾尝观之，妓者之家，当经之时，日服胡椒三五十粒，连吞三日，经亦止矣，带下之症，并不有乎。可谓血热则行，所行则速，而恶血难留，安有得而滞也，以为带下者哉？此理可明，则治之者易，而用药无不验矣。近之医者，以为湿热，概用寒凉治之，非惟病之所加，亦且郁遏稽留恶血，反成带也，治当评之。

【治法主意】芎、归、白芷、牡丹皮、香附、红花同桂施，少加青皮为佐，使浑身疼痛尽皆除。

胎　前

经曰：调理妊娠，清热养血。又曰：胎前无实，宜以补养为主。丹溪又云：清热者，非用苦寒等药，但补药中而少兼凉血之剂，恐血热则行也。又不可谓胎前宜补，而妄用艾胶香燥等药，助火消阴之剂，遂致血热妄行，而有半产漏下者矣。虽然胎漏者，血虚之症也，亦当用补，此补犹宜凉补，可清而不可热也，如四物为主，加以黄芩、参、术、阿胶。若胎漏不止，宜用四物去川芎加生地、条芩、地榆、阿胶、参、术之类。至若胎动者，属气虚胎不自安，固尝有动者焉，宜当安胎为要，用以四物汤大加参、术，虽有腹痛，佐以香附、苏梗可也。或者胎动有因伤损不安者，必须四物去川芎加术、芩、香附为主。如心血不足者，加山药、枣仁。如因怒气伤肝，触动胎元不顺者，少加砂仁、枳壳、厚朴等剂。如气血虚弱，不能荣养胎元，致动而不安者，四物去川芎加参、术、阿胶、山药、黄芩之类。其人身体素必羸弱太甚，宜本方中加大补气血之药，如参、芪、白术、阿胶、杜仲、炒黄芩等类。又有腹胀胎不安者，加腹皮；气胜胎不安者，加枳壳。如得胎二三月不安者，加苏梗；四五月不安者，加砂仁；七八月不安者，加枳壳；九月十月不安者，不必再安其胎，当从其病而调治。此皆调理胎前之活法也。若夫子烦、子肿等症，随四物而论之。子烦者宜清宜补，加人参、麦冬之属；子肿者宜散宜清，加枳壳、腹皮之类；子嗽者宜敛宜降，加麦冬、五味、条芩之属；子呕者宜温宜补，加白术、香附、厚朴之类；子淋者宜凉宜补，加黄芩、生地之属；子悬者宜补宜养，加人参、阿胶之类。若由气血不和，脾土虚弱，不能运化精气，致使食积生痰，痰生热，热生风也，宜以清气养血，健脾胃为主，而诸症自可调也。

【愚按】胎前无实，宜以补养为先。盖安胎之药，亦必用补可也，不然一人之元气，由二人之运用，少有不及，胎病所生。如其安胎之药，必用归、芍为主，参、术佐之，欲其清气少用香附，欲其凉血加以黄芩。不可妄施宽胎之剂，而佐以补中之药也，医当谨之。

【治法主意】胎前无实，宜以补养为先，此一人之元气，由二人之运用也。

产　后

经曰：产后无虚，宜以行血为要。又云：如无恶阻，大补气血。夫所谓大补者，非指后人用清凉酸敛补药，但以平和温暖之剂，使血得暖以流通，其恶露自尽者也，故无血晕、血崩、阿欠、顿闷、恶露冲心之患乎。况其产后之血，皆为瘀血，非真血也，若逆之而不行，则疾病蜂起者也，可不慎哉！吾尝治产后，不用芍药者，恐其有酸寒收敛之性，或敛之而不行，或伐之而不生，所以初产七日之间，大忌者也，设或八九日来，酒炒用之方可。又曰：产后大热，必用干姜。因此之热，非有余之热也。或恶露不行而致热，用干姜炒黑，借辛温以行血也。或者阴虚生内热，用干姜温中以除热也。炒干姜，性温，入肾经而能行血生血，味辛，存阴分而和血补血，故补阴药中用干姜，亦此意也。又有产后之时，宜服芎归汤为要，如恶露上行加童便，恶心加干姜，顿闷加好酒香附，切不可与寒凉生冷等治。设若产后二三日，头晕身疼，发热腹胀等症，当审其恶露行与不行之谓。若不行而腹胀腹疼有硬块者，必瘀血蓄积而然也，宜以温热行血之剂治之，如芎、归、姜、桂、香附、白芷、丹皮、红花、益母之类。若血行腹内，无块而恶寒发热者，此系外感风寒，不宜大表发汗，亦宜温中散寒自可，以前方中加荆芥炒黑治之。如自汗者加人参，血来多者去桂、姜，四物加炒黑蒲黄、童便之类。忽然晕去不知人事者，此血虚挟火上行而然也，先用醋蒸酸气于病者之前以敛神气，后以补血清热之剂以定晕气，如芎、归、炒芍、白术、益母、童便之属，七日后者加酒炒芍药，十日后加酒炒黄芩，因风寒而作者，加炒黑荆芥可也。产后中风，切不可作风治，必用大补气血为主，然后清痰理气。经云：治风先治血，血实风自灭。正此谓欤！用四物汤加香附、参、术、陈皮、荆芥、南星之类。中风口眼㖞斜者，亦不可服小续命汤，宜服前药加秦艽、续断之类，或单用炒黑荆芥亦可。产后肿满者，亦宜调养气血为先，如四物汤加参、术、苍、朴、沉香、木香之类。产后发热，乳汁不通者，宜壮脾胃，益气血，乳乃自行者也，如归、芎、青皮、山楂、葱白、天花粉、甘草节等类。若乳膨胀作痛者，宜当内消，用瓜蒌仁、粉草节、麻黄、天花粉、葱白之类。慎勿妄用败毒之药，攻成乳痈，亦不可用凉血等剂，致生癥瘕、带下、崩中之由也，谨之！

【愚按】产后无虚。盖产初生之下，当用行血为要，血行不尽，为祸不浅，顿闷恶心，阿欠眩晕，症之所出。因恶露之怆心也，救之最难，必须一日至七日，芎归汤佐以姜、桂、红花、童便等剂，行之而复下也，最妙。或用益母、童便酒煎，将产时热服，随即就下；或临产时用金银花酒煎服，恶血自行，诸症不出；或用砂糖、姜汁酒服，亦妙。虽有血虚之症，并不可用芍药；心脾之症，亦不可用茯苓；大热之症，尤不可用黄芩。

虽有风寒之症，大忌发散，虚劳相兼，亦忌大补，至于八日以来，气血平复，然后用治少可。

【治法主意】产后无虚，宜以行血为要。盖血上抢心，有必死之兆也。若初产时，不可虑其元虚，以养血行血为上。

室女月水不通

夫冲任之脉，起于胞内，为经脉之海，手太阳少阴二经，表里之病也。盖女子十四而天癸至，任脉通，肾气盛，经脉行，血海盈满，七情不扰，应时而下，则一月一来矣①。若夫忧惊太甚，积想过多，日夜思虑，劳伤心脾，饮食失节，以成虚损之症，在男子神色消散，在女子月水不通者也。何也？忧愁思虑则伤心，而血海竭矣，所以神光先散，不能发越于面也。饮食劳倦则伤脾，而血源衰矣，所以诸经不能运布，而四肢痿弱也。夫如是，皆因气之动火，血之亏竭，而月经欲行，岂能行之者乎？吾见心病则不能养脾，然见食而畏，脾虚则不能生金，发当咳嗽。盖嗽者，气之胜也，血之衰也，气胜则木无所荣，血衰则水无所归，何期经水之行也耶？苟能养气血，益②津液，健脾胃，使气胜血足，而经自行矣。不若用四物汤加参、术、丹皮、红花、香附之类。又当究其所因，如平日经通，或因他事触犯而不来者有之，或因郁怒滞气而不行者有之，或因忧思损伤心脾者有之，或因思想欲事不遂者有之，或因气结者有之，或因血闭者有之，当从其症而治之可也。如怒伤肝者，加味逍遥散；郁结伤脾者，加味归脾汤；思虑伤心者，加味定志丸；

① 来矣：原脱，据清抄本补。
② 益：原作“嗌”，据赵本改。

肾经火[1]动者，加味地黄汤。余当考究本源，发扬心机，参而互之，此治室女调经之大法也，神矣！绝不可用通经之药，有伤血海[2]。

【愚按】室女月水不来，至愚至浊之资也。盖愚则血不[3]通其心，浊则气郁其志。然而心志未舒，气血何有不闭者哉？若夫行而不来，是稽迟也，阻而且闭，是元虚也，虽有二月三月之格，半年一年之闭，此非病也，乃气血之薄也。然血足则经自来，气旺则经自行，不可擅用通经之药，有伤血室，反闭者矣。

【治法主意】室女月水不行，宜以养血为上；妇人月经不通，宜以和血为要。不可擅用通经，有伤血室之患。

癍　疹

戴云：有色点而无颗粒者为癍。又曰：如锦纹成片者亦曰癍。如疮发焮肿于外而红赤，不分疮粒者，亦曰癍。皆属少阳相火之动，或汗之不出，隐于肌肉之间，湿热之邪不能发越于外，气抟血而成癍。轻则色点红赤，重则大片锦纹，紫者热极，黑者血死，多不治矣。若谓疹者，疹则浮小而有头，粒如疡刺手，红赤且掀，抓令成疮。此因汗出不越，因风隐于皮肤之内，风汗相抟，发而为疹，此太阴肺经之病也。又曰：轻则为瘖[4]，随出随消，一日三发，三日发尽。但不可见风，遇风则腠理合，汗窍闭，出之难尽，为闷为喘，为咳嗽、气急、痰热之不食矣，

① 火：原作“失”，据赵本改。
② 若夫忧惊太甚……有伤血海：原脱，据清抄本补。
③ 愚按……盖愚则血不：原脱，据清抄本补。
④ 瘖（cù 醋）：疹子。

病之即重。吾尝考之，伤风发瘖，伤寒发疹，小儿发瘖，大人发疹，瘖喜乎温，疹喜乎凉，瘖用升麻葛根汤，疹用防风通圣散，治之自[①]可愈也。

【愚按】疹有瘢疹、瘾疹、麻疹、风疹、疮疹、痘疹、伤寒发疹、风热成疹，各有不同，治各从其类也。且如瘢疹者，重则为瘢，轻则为疹。瘾疹者，皮里肉外而生疹也。麻疹者，皮肤如麻而发疹也。风疹者，肌肉燥痒，抓而成疹也。热疹者，随热发出而红疹也。疮疹者，因生疮毒，不得发越，连发细疹，如麻痒也。痘疹者，随痘所发，痘在里而疹在表也。伤寒发疹者，伤寒汗不得越，而积热成疹也。夫如是，疹有不同，亦皆风热之所化也，宜当凉肌表，清邪热，以贝母二陈为主，加黄芩、前胡、杏仁之类。有痰者驱其痰，如瓜蒌子，有火者泻其火，加山栀，有食者消其食，加山楂，有风邪者散其风邪，加紫苏，轻者加干葛。此不易之常法也，治无不验。至于瘢者，化瘢汤，不若轻则防风通圣散，重则三黄石膏汤，量其虚实而用之。大抵瘢疹之症，俱有表里，表甚者人参败毒散，表而兼里者升麻葛根汤，里甚者三黄石膏汤，半表半里者防风通圣散，切不可用大下，如大下者必有祸也。设若谵语，脉势空虚，人事不清，痰喘气急自汗者，切不可治。其瘢黑紫或臭烂者亦不治。

【治法主意】疹宜凉表，瘢宜泻火，痒者去风，痛者清热。抓令成疮者，宜消风、凉膈、败毒，三方量其虚实治之。

痛　风

夫痛风者，四肢重坠，一身疼痛，有难转移，不能动彻，

① 自：原作“之”，据清抄本改。

如动彻应痛者是也。此因阴血虚弱，不能荣养百骸，以致经络空虚，腠理不密，风湿入内，邪正相抟，动移疼痛。如遍体缚扎不行，周身重滞不舒，振之即疼，动之就痛，是名痛风者也。丹溪又曰：遇热则胀，遇风则痛，热汗相抟，暂可疏宽，是皆风湿之为症也。法宜祛风清湿，而兼养气和血之剂，使正气复而邪自退，风湿清而痛可止矣。初用苍朴二陈汤加当归、牛膝、防风、防己、黄芩、黄柏、羌活、独活之类，次用当归拈痛汤，大加清热之药自可，此丹溪之大法也。

【愚按】痛风之症，此湿热之症也，宜当清热为要，不可又言其湿也。虽曰痛风，亦不可作风治，而用风药太多。大率凉血驱风，而用血中风药，则治之无不验也，宜用当归、川芎、秦艽、独活、续断、连翘、黄芩、黄连、生地之类。

【治法主意】上身痛者，宜降火清热；下身痛者，宜清热利小便；一身痛者，宜养血清热是也。

历节风

夫历节者，遍体肢节作疼，难以转动者也。又曰：风入骨节，或肿或痛，不可屈伸，不可动移者也。此因元本空虚，风湿相乘，入于腠理，欲出不出，转动之间，邪正相抟，则痛之而隐入骨髓也，故曰白虎历节风。治宜祛风养血之剂，如四物汤加防风、防己、羌活、独活、威灵仙、桑寄生、虎骨、黄柏之类。

【愚按】风湿相抟，而为痛风；湿热相抟，而为历节风。历节者，历于肢节而作疼也；痛风者，痛于周身而难转移也。周身作痛，多主乎湿，历节作疼，亦属乎风。治之之法，风可祛散，湿可燥湿。殊不知治湿而用燥药，则痛尤甚，治风而用风药，则热不除。大率此症之由血虚而乘风湿也，湿自热化，风从热生。不若治风先治血，而与养血之剂，佐以血中凉药而调治之，则血可实而风自出矣，热可清而湿自无矣。二者之间，何况治风清湿而止痛乎？大抵风为标，热为本，湿为根，热为源，诚能治其本源，佐以养血凉血为主，治无不验也耶。凡用之剂，当用痛风后赘之方可效。

【治法主意】风湿二字，皆从热化，当言其热，而不可又言其风湿也，必以养血凉血之药佐之。

痔漏附肠风

丹溪曰：痔漏者，风热燥毒归于大肠也。初则肠风下血，来如一线，上后就来，或有粪前粪后，二者不定。次则肛门焮[①]痒，揩擦成核，沿肛肿起，出脓出血，破作为痔。设又不谨，屡行房事，通肠穿破，或加恼怒，脓水不干，日夜肿胀，或空疼出血，待食饱少可，名之曰漏。漏泄津液气血也，治在多难，必须戒暴怒，远房室，少劳碌，禁姜、椒、辛热发毒之物，其症漏眼自闭，内多结实，自有不期然而然矣。否则恁食辛热，坐卧不行，或醉饱房劳，朝暮积损，脾气不能运化，大肠有所积滞，风邪湿热化为燥毒，无由所出，蕴蓄肛中，初则发为肠风下血，仍又不谨不戒，久则变为痔漏者矣。然其所患，名虽不同，其病一也，曰牛奶，曰鼠奶，曰鸡心，曰鸡冠，曰莲花，曰通肠，曰蜂巢，曰外痔内痔，曰肠风脏毒，形虽不一，其理则同者焉。但治痔宜凉血降火，如槐花、生地、归梢、赤芍、芩、连、地榆、枳壳、连翘、秦艽、大黄之属。治漏之症，

---

① 焮：原作“掀”，据文义改。

河间用①芩连苦寒以泻火，当归辛温以和血。在下重坠痛者，以升麻、柴胡提之；燥热拂郁，以大黄、生地、麻仁、枳壳润之；疮口久烂不收者，以参、芪、归、术补之；风胜作痒者，以防风、秦艽驱之；作肿作胀者，以连翘、金银花散之。再能绝欲止怒，无有不安者也。吾观痔漏之源，痔轻而漏重，痔实而漏虚，实则可泄，虚则可补。至于清热凉血之剂，但可行于初发之时，亦不可疗终身之患也。如不绝欲而日行，非惟漏孔渐盛，亦且漏眼多出，求之欲愈，不可得已。不若戒房室，远暴怒，少劳碌，其病自可者矣。或曰：痔漏火是根源，何用温涩？殊不知痔止出血，始终是热，漏出脓水，虽曰湿热，治宜祛风散湿，风行则热自解，风胜则湿自散，此治之无疑矣。吾尝用槐角、黄连为末，入猪脏煮熟为丸，米饮送下，屡用屡验，其漏不疼，又无重坠，水亦少来，默然轻快，诚为好方，家常秘之。保养何如？果然一年绝欲，漏孔俱实，并无发也。否则不戒房事，以怒为常，以酒为药，非惟又发，抑亦漏孔多出，终身之害。或者不知事体，妄用医治，用割，用烂，用挂线之法，但可行于少壮，若中年多病，虚弱之体，有丧身之患也，慎之慎之！

【愚按】此症在上人多有之，若奔驰劳苦之人，则无此症者矣。盖上人多食炽煿、酒面、高粱肥厚之物，朝夕坐卧而不行，肠胃积滞而不散，加之色欲以淘其情，聚之忿怒以动其志，肠粪不能流利，湿热聚而成毒，所以脓水不干，便红又出，此下元之致虚也。欲其痊可，有难处哉。必须绝欲以补其元，歌笑以乐其志，自有莫之愈而愈矣，何用割烂挂线之法乎？

① 之症河间用：原脱，据清抄本补。

【治法主意】治漏必绝其欲，治痔必远其怒，欲怒不行，痔漏自可。否则不能真绝，月攘一鸡[①]，是徒然耳。

脱　肛

脱肛者，肛中脱出若卵黄之不收者是也。凡诸物之所生，有脏而无肛，惟人有脏而有肛者，何也？盖人之所生，直立而肛在下，肛之关闭，由卵黄在内之关闭也。否则无此内关其元气，是以糟粕粪屁，不知其所来也，气血何以由之而得存乎？今由元本空虚，大肠亏损，气血不能守固，肛门无所收纳，致于便结不通，努力层下，或大或小二三块，有似无壳去白之卵黄，故曰脱肛。治宜大固元气而兼升提之药，如补中益气，多服自可。曾见医者治一小儿，将汤洗软脱出之物，推入肛中，复用布缠两腿一并之，至[②]七日不放，日服薄粥一二碗，补中益气汤一二剂，八日自可。

【治法主意】脱肛，元虚之谓。若能大固，元气自收，不能再下。切不可围药伤损，伤损则溃烂难收。

疮　疡

大者为疮，小者为疡，由热毒蓄于脏腑，发于肌肉，为痒，为痛，为肿，为胀，为脓溃之所生也。《原病式》曰：疡有头，小疹也。经曰：诸痛痒疮疡，皆属心火。又曰：微热则痒，热甚则痛，腐近则灼而为疮。虽然心火之有余，而实风湿之相抟

---

① 月攘一鸡：每月偷一只鸡，借此批评为自己的错误行为找借口，拖延时间的人，实际上并没有改过的真心。攘，偷窃。语出《孟子·滕文公下》："请损之，月攘一鸡，以待来年，然后已"。

② 至：原作"生"，据清抄本改。

也。吾见湿热蓄于肉理，乃生疮毒；风湿流于肌肉，乃生溃烂；风热发于皮肤，乃生疮疡。疮则溃而且烂，痒则痒而喜抓。治疗之法，风胜者当驱其风，热胜者当清其热，湿胜者当燥其湿，是治之之活法也。吾尝用之不验，不若以当归、芍药养血为君，黄芩、黄连凉血为佐，连翘、防己驱风为臣，生地、苦参和血为使，少加防风、白芷以达乎皮肤，天花粉、金银花以解其疮毒，随用随效，未有不收其功者也。是不可拘于风热之来，而用风药之太甚也，湿热之所生，而用燥药之太重也，谨之！

【愚按】诸痛痒疮疡，皆属心火。当以治火之法行之，是则治病求其本也，药无不验。若以治风治湿之论而议之，于先风燥之剂，而胜行于后，有为抱薪救火，使火之太胜，将何以乎？可见疡变成疮，而疮反加于溃烂肿胀之不可挡也。又见傍惶[1]无措，用寒凉以救之，姑且少可，则曰我能。殊不知凉血治之于先，而病重亦不加于后也，理宜评之。

【治法主意】疮疡宜以凉血和血之药服之于内，油润杀虫之药擦之于外。

肿　毒

气聚而为肿，气结而为毒。肿有红肿、白肿，毒有阴毒、阳毒。白肿者伤于气，红肿者伤于血。伤气用当破气，用南星、半夏为末，鸡子清调敷自可；伤血宜当散血，用大黄、黄柏为末，猪胆汁调敷自散。设若阴毒者，附骨酸疼，转彻难移，宜以荣卫返魂汤或蟾蜍解毒丸加官桂、木香之类。阳毒者，肌肉红肿，大便不通。未溃者如前药敷散，已溃者生肌托里，用十

① 惶：原作“荒”，据文义改。

全大补汤妙。

【治法主意】肿按实者可治，肿发虚者难治，肿大按如豆腐成凹不起者不治。毒如阳毒者可治，毒如阳毒流水者不治，作痒而无脓者不治。

校注后记

一、作者与成书

方谷为当时一方名医，晚年常与门人弟子讲解其平生读书所得。如《医林绳墨》自序中所云：“《绳墨》一书，乃为后学习医之龟鉴，非谷一人之私意，但领《内经》、仲景、东垣、丹溪、河间诸先生之成法者，著方立论，日与门弟子讲解。”又云：“以愚平生所读之书，意味深长之理，朝夕诵玩，或诸先生所立之论，未及配方，或所立之方，未及讲论，方论不齐，难以应用，由是一一配合，必使补泻升降之协宜，寒热温凉之得乎随机应手，治无不可。”其子方隅常聆听其父讲解医理，并勤于记录，将笔记汇集成册，最后由方谷加“愚按”“校正”及“治法主意”而成《医林绳墨》八卷。

本书原题“钱塘医士方隅著集、医官方谷校正”，其实，本书的实际作者当为方谷，其子方隅起到记录、编辑、整理作用。如方谷在序中也讲到：“今幸豚儿立志集成方论一册，寿之于梓，与天下后世共。老朽再加愚按校正，定立主意。”

二、版本源流

《医林绳墨》初刊于明万历十二年甲申（1584），据《中国中医古籍总目》收录，目前国内仅南京图书馆有藏。另外，日本宫内厅也有藏。

清康熙十六年丁巳（1677），本书经周京整理重辑后，雕版重刊，称“向山堂刻本”。但此本“旋复委弃，以故流传绝少”（仲序）。目前有关目录里所著录的所谓“康熙十六年周氏向山堂刻本”均非周氏原本，如中国中医科学院图书馆所藏的“周氏向山堂刻本”实为赵氏廓然堂本，南京图书馆、上海图书馆所藏的实为松江陈熙重刻向山堂本。

临川赵之弼，字东崖，雅好藏书。赵氏官临汝，因一治痢方之故，得见友人袁奕苍《医林绳墨大全》残卷，求得其表兄浙东观察梁万骥所藏周京《医林绳墨大全》梓版，时其版束之高阁二十余年矣。惟梓版间有遗亡，核以奕苍所贻残书补其阙，并在篇末附载赵氏临证验方。在版式上，易去各卷之首页，故首页书口均有“廓然堂”字样，扉页亦作“廓然堂”，于康熙四十九年庚寅（1710）刊行。其本即是周京原梓版稍作修整后刊印，基本反映原本面貌。廓然堂梓板后又归修吉堂所有，故后修吉堂藏版刻本同廓然堂刊本。

流传至嘉庆年间，本书又难以得见，鉴于“是书之妙，能得治病纲领……足为医学之津梁”（黄氏题记），松江陈熙于嘉庆二十年乙亥（1815）“倡集同志”“领袖重刊”。陈熙据周京刊本重刻本书，书口均标“向山堂”字样。但与赵氏廓然堂本比较，两者在版式、字数、列数等方面均一致，但字迹明显不同，并有个别字出入，可见两者并不是用同一个梓版刊印，陈熙当重新进行了雕版，并在版面美观程度上有所改进。陈熙重刻本扉页有“亦政堂藏版”和“同善堂藏版”两种，两者为同一版本。后世陈熙本流传较广，因其书口均刻有“向山堂”字样，以致后人误认为其就是周京原本。

本书现存除以上各版本外，还有众多清代抄本流行，有据明万历刻本所抄，有据清周京本所抄，有些已经残缺，有些在书前还抄有非本书的其他内容。据《全国中医图书联合目录》记载，本书还有日本抄本流行，并且传入朝鲜、越南等地，可见其影响之广。

1957年11月商务印书馆根据明万历初刊本，结合周京刊本，加断句整理校勘，竖排铅印出版。此版底本为王玉振医师所藏明万历十二年初刊本（此本疑与南京图书馆所藏为同一版印刷，但为另一套书，因无线索，目前未能见到此书），校本为中国中医科学院图书馆所藏周京本。

综上所述，本书版本流传分两大系统，《医林绳墨》八卷本系统与《医林绳墨大全》九卷本系统，二者篇目、文字、内容出入较大。《医林绳墨》八卷本版本系统流传次序为：明万历初刊本→清抄本。《医林绳墨大全》九卷本版本系统次序为：康熙十六年周氏向山堂刻本→康熙四十九年赵氏廓然堂刊本→康熙修吉堂刻本→嘉庆松江陈熙重刻向山堂本→清抄本。

三、学术思想

1. 八纲辨证，贯穿始终

《医林绳墨》一书中，辨证论治的思想贯穿于始终。方氏尤其重视八纲辨证，把表里、寒热、虚实、阴阳的辨证置于突出的位置。方氏认为，诸病的辨治，“虽后世千万方论，终难违越矩度，然究其大要，无出乎表、里、虚、实、阴、阳、寒、热八者而已”，临证善于运用八纲辨证抓住疾病治疗的要点。如治伤寒，方氏指出，“其症有表，有里，有表实、表虚、里实、里虚，有表里俱实，有表里俱虚，有表寒里热，有表热里寒，有表里俱寒、表里俱热；有阴症，有阳症，有阴症似阳，有阳症似阴，有阴胜格阳，有阳极变阴”，并详列各证及治法方剂以“明辨而治之”，使学者对伤寒复杂的病情，了然于胸。

2. 审因论治，条分缕析

除了重视八纲辨证外，方氏亦娴熟于辨证求因。方氏善于从疾病复杂的症状中获取病因线索，这与他丰富的临床经验密不可分。如在论述目病时，将辨识经验归纳为："因气而发者则多涩，因火而发者则多痛，因风而发者则多痒，因热而发者则多眵，因怒而发者则多胀，因劳而发者则多痧，因色而发者则多昏，因悲而发者则多泪，因虚而发者则多闭，因实而发者则多肿。"又如治燥证，方氏曾论："大抵治燥之药，不止一端，论燥之症，不止一条，要必因其所动，而治其所发，是当深求其奥，以明燥症之端的也，用治之时，方显功术之妙也哉。"强调审因论治，才能取得理想疗效。

3. 遣方用药，不拘一格

八纲辨证、审因论治，最后总是落实到遣方用药上。如治火证，方氏强调："审其虚实，施其补泻，量而度之，随症看其何火而用何药。"他将火证治疗药物归纳为："黄芩泻肺火，芍药泻脾火，石膏泻胃火，柴胡泻肝火，胆草泻胆火，木通泻小肠火，大黄泻大肠火，玄参泻三焦火，山栀泻膀胱之火，此皆苦寒之味，能泻诸经有余之火也。若饮食劳倦，内伤元气，火不两立，为阳虚之病，以甘温之剂除之，如参、芪、甘草之属。若阴微阳强，相火炽盛，以乘阴位，为血虚之病，以甘寒之剂降之，如当归、地黄之属。若心火亢极，郁热内实，为阳强之病，以咸冷之剂折之，如大黄、芒硝之属。若真水受伤，真阴失守，无根之火妄动，为阴虚之病，以壮水之剂制之，如地黄、玄参之属。若右肾命门衰，为阳脱之病，以温热之剂济之，如附子、干姜之属。若胃虚过食冷物，抑遏阳气于脾胃，为火郁之症，以升散之剂发之，如升麻、干葛、柴胡、防风之属。"这种辨证用药的经验非常值得我们临床借鉴。

对作用类似的药物进行细致的比较，点明各药的专长和适应症，也是方氏著述中的一个特点。如治痰证的药物，方氏归纳辨析经验："南星治痰，因风痰之可治也；贝母治痰，因虚痰之可行也；胆星治痰，因惊痰之可用也；玄明粉治痰，因实痰之可下也；瓜蒌仁治痰，因老痰之可润也；天花粉治痰，因热痰之可清也；黄连治痰，因火痰之可施也；石膏治痰，因有余之痰乃可通也。"这对初学者正确掌握辨证选药技能有很大帮助。

方氏作为医官，对民间应用的草药亦十分重视，不存偏见之心。如治因湿热所致的黄疸痧、白火丹，习用"平地木、仙人对坐草，或以石茵陈、或以荷包草捣烂，以生白酒和汁饮之"。又如治痰火用雪里青，治痢疾用黄连苗，"乃有鲜利之性，行之大速，生寒之味，利之尤佳"。这些经验，为后世应用这些药物提供了宝贵的依据。

除了擅用草药外，方氏还广泛搜集了大量流传于民间的便方、验方，并用之于临床。如治中风中倒之时，"初宜急掏人中，俟醒，次用捻鼻取嚏，或以鹅羽绞痰"，反映了方氏过人的胆识和精湛的医术。其他如麻皮搽油刮背项，或以十指甲下刺出紫血治中寒之厥逆；大蒜捣烂敷于涌泉治血厥；小儿胎发烧灰，琥珀为末，灯草汤调服治血淋；灸囟门治脑漏等等。其中有些便验方至今仍有临床实用价值。

4. 内伤杂病，注重治痰

丹溪曾曰："东南之人多是湿土生痰"，"百病多有兼痰者"，临床上注重运用二陈汤治疗杂病。方氏从临床实际出发，特别推崇丹溪之学，认为疾多夹于痰，如"聚于肺者，则喘嗽上出；留于胃者，则积利下行；滞于经络，为肿为毒；存于四肢，麻痹不仁；迷于心窍，谵语恍惚，惊悸健忘；留于脾者，为痞、为满、为关格、喉闭；逆于肝者，为胁痛、乳痈；因于风者，则中风、头风、眩晕动摇；因于火者，则吐呕酸苦，嘈杂怔忡；因于寒者，则恶心吞酸，呕吐涎沫；因于湿者，则肢节重痛不能转移；因于七情感动而致者，则劳瘵生虫，肌肤羸瘦；因于饮食内伤而得之者，则中气满闷，腹中不利，见食恶食，不食不饥”。治宜豁痰清气为主。方氏又说：“二陈者，健脾理气之药也，气清则痰亦清，脾健则痰亦运，健运有常，而生化之机得矣。”故他在治疗内伤杂病中，常常运用二陈汤为主加减治疗。如治头痛，方氏根据内经“头风头痛，有痰者多”，认为“虽有三阴三阳之异，俱以二陈为主，随其脉症而用治。如太阳头痛，则恶风脉浮紧，加以川芎、羌活、麻黄之类；少阳头痛则脉弦，其症往来寒热，加以柴胡、黄芩之类；阳明头痛，自汗发热，恶寒，脉浮缓，加以葛根、白芷，脉实大者加升麻、石膏、酒洗大黄之类；太阴头痛，有痰体重，或腹痛痰癖，其脉沉缓，加以厚朴、苍术、半夏、黄芩之类；少阴头痛则经不流行，而足寒逆冷，其脉沉细，加以麻黄、四逆之类；惟厥阴经不至头，脑后项扯痛，或痰吐涎沫，其脉浮紧，加以山栀、芩、连、青皮之属”。其他如治喘证、惊悸、霍乱、呃逆、胁痛、咳嗽、泄泻、眩晕、关格等，都非常重视痰的辨治。

5. 女科诸证，理血为本

方氏认为：“妇人得阴柔之体，以血为本。”故在治疗女科诸证，主张理血为本，提出“俱宜四物为主”。如治月经不调，方氏认为：“若将耗其真气，则血无所施，正气虚而邪气胜矣，故血病自此所由生焉。若将破其血室，而血无所附，阴血虚而邪气胜矣，故气病自此所由生焉。”主张以养血活血的四物汤为主加减治疗，反对古方用耗气破血法调经。这体现了他师古而又不泥古的精神。又如治崩漏，方氏认为病因虽然繁杂，“而实在于冲任有损，经络阻滞”。治疗应标本兼顾，大补气血为主，加用止血药物，用四物汤加人参、炒阿胶、炒荆芥、炒地榆、炒艾叶等，临服加童便。再如带下病，医者一般认为湿热为患，概用寒凉药物治之。而方氏则认为，如此，“非惟病之所加，亦且郁遏稽留恶血，反成带也”。他从男子亦有带脉，并无带来，而女子未曾经行，并无带下的情况，大胆推论带下与经行有关。并从“妓者之家，当经之时，日服胡椒三五十粒，连吞三日，经亦止矣，带下之症，并不有乎”的现象，认识到活血行滞则恶血难留，带下自止，提出以四物汤加减治疗，其理论颇具创见性。至于胎前用四物汤补血安胎，产后以四物汤养血行血，室女月水不通以四物汤活血通经，更是处处体现其理血为本的治疗理念。

总之，《医林绳墨》作为方氏授徒的总结之作，较全面地反映了其学术思想。全书结构上证各有论，论列有方，方有加减，引绳画墨，使学者有所依据；内容上以丰富的理论和临床经验为依据，详于辨证，精于选药，不拘于成说而每多创见。为初学者指明了登堂入室的门径，对中医临床具有重要的参考价值。

总 书 目

医　　经

内经博议

内经精要

医经津渡

灵枢提要

素问提要

素灵微蕴

难经直解

内经评文灵枢

内经评文素问

内经素问校证

灵素节要浅注

素问灵枢类纂约注

清儒《内经》校记五种

勿听子俗解八十一难经

黄帝内经素问详注直讲全集

基础理论

运气商

运气易览

医学寻源

医学阶梯

病机纂要

脏腑性鉴

校注病机赋

松菊堂医学溯源

脏腑证治图说人镜经

内经运气病释医学辨正

藏腑图书症治要言合璧

淑景堂改订注释寒热温平药性赋

伤寒金匮

伤寒考

伤寒大白

伤寒分经

伤寒正宗

伤寒寻源

伤寒折衷

伤寒经注

伤寒指归

伤寒指掌

伤寒点精

伤寒选录

伤寒绪论

伤寒源流

伤寒撮要

伤寒缵论

医宗承启

伤寒正医录

伤寒全生集

伤寒论证辨

伤寒论纲目

伤寒论直解
伤寒论类方
伤寒论特解
伤寒论集注（徐赤）
伤寒论集注（熊寿诚）
伤寒微旨论
伤寒溯源集
伤寒启蒙集稿
伤寒尚论辨似
伤寒兼证析义
张卿子伤寒论
金匮要略正义
金匮要略直解
高注金匮要略
伤寒论大方图解
伤寒论辨证广注
伤寒活人指掌图
张仲景金匮要略
伤寒六书纂要辨疑
伤寒六经辨证治法
伤寒类书活人总括
订正仲景伤寒论释义
伤寒活人指掌补注辨疑

诊　　法

脉微
玉函经
外诊法
舌鉴辨正
医学辑要
脉义简摩
脉诀汇辨
脉学辑要
脉经直指
脉理正义
脉理存真
脉理宗经
脉镜须知
察病指南
四诊脉鉴大全
删注脉诀规正
图注脉诀辨真
脉诀刊误集解
重订诊家直诀
人元脉影归指图说
脉诀指掌病式图说
脉学注释汇参证治
紫虚崔真人脉诀秘旨

针灸推拿

针灸全生
针灸逢源
备急灸法
神灸经纶
推拿广意
传悟灵济录
小儿推拿秘诀
太乙神针心法
针灸素难要旨
杨敬斋针灸全书

本　　草

药征
药鉴
药镜
本草汇
本草便
法古录
食品集
上医本草
山居本草
长沙药解
本经经释
本经疏证
本草分经
本草正义
本草汇笺
本草汇纂
本草发明
本草发挥
本草约言
本草求原
本草明览
本草详节
本草洞诠
本草真诠
本草通玄
本草集要
本草辑要
本草纂要
识病捷法
药征续编
药性提要
药性纂要
药品化义
药理近考
炮炙全书
食物本草
见心斋药录
分类草药性
本经序疏要
本经续疏证
本草经解要
分部本草妙用
本草二十四品
本草经疏辑要
本草乘雅半偈
生草药性备要
芷园臆草题药
明刻食鉴本草
类经证治本草
神农本草经赞
艺林汇考饮食篇
本草纲目易知录
汤液本草经雅正
神农本草经会通
神农本草经校注
分类主治药性主治
新刊药性要略大全

鼎刻京板太医院校正分类青囊药性赋

方　书

医便

卫生编

袖珍方

内外验方

仁术便览

古方汇精

圣济总录

众妙仙方

李氏医鉴

医方丛话

医方约说

医方便览

乾坤生意

悬袖便方

救急易方

程氏释方

集古良方

摄生总论

辨症良方

卫生家宝方

寿世简便集

医方大成论

医方考绳愆

鸡峰普济方

饲鹤亭集方

临证经验方

思济堂方书

济世碎金方

揣摩有得集

亟斋急应奇方

乾坤生意秘韫

简易普济良方

名方类证医书大全

南北经验医方大成

新刊京本活人心法

临证综合

医级

医悟

丹台玉案

玉机辨症

古今医诗

本草权度

弄丸心法

医林绳墨

医学碎金

医学粹精

医宗备要

医宗宝镜

医宗撮精

医经小学

医垒元戎

医家四要

证治要义

松厓医径

济众新编

扁鹊心书

素仙简要

慎斋遗书

丹溪心法附余

方氏脉症正宗

世医通变要法

医林绳墨大全

医林纂要探源

普济内外全书

医方一盘珠全集

医林口谱六法秘书

温　病

伤暑论

温证指归

瘟疫发源

医寄伏阴论

温热论笺正

温热病指南集

瘟疫条辨摘要

内　科

医镜

内科摘录

证因通考

解围元薮

燥气总论

医法征验录

医略十三篇

琅嬛青囊要

医林类证集要

林氏活人录汇编

罗太无口授三法

芷园素社痎疟论疏

女　科

广生编

仁寿镜

树蕙编

女科指掌

女科撮要

广嗣全诀

广嗣要语

广嗣须知

宁坤秘籍

孕育玄机

妇科玉尺

妇科百辨

妇科良方

妇科备考

妇科宝案

妇科指归

求嗣指源

茅氏女科

坤元是保

坤中之要

祈嗣真诠

种子心法

济阴近编

济阴宝筏

秘传女科

秘珍济阴

女科万金方

彤园妇人科

女科百效全书

叶氏女科证治

妇科秘兰全书

宋氏女科撮要

节斋公胎产医案

秘传内府经验女科

儿　科

婴儿论

幼科折衷

幼科指归

全幼心鉴

保婴全方

保婴撮要

活幼口议

活幼心书

小儿病源方论

幻科百效全书

幼科医学指南

活幼心法大全

补要袖珍小儿方论

外　科

大河外科

外科真诠

枕藏外科

外科明隐集

外科集验方

外证医案汇编

外科百效全书

外科活人定本

外科秘授著要

疮疡经验全书

外科心法真验指掌

片石居疡科治法辑要

伤　科

正骨范

伤科方书

接骨全书

跌打大全

全身骨图考正

眼　科

目经大成

目科捷径

眼科启明

眼科要旨

眼科阐微

眼科集成

眼科纂要

银海指南

明目神验方

银海精微补

医理折衷目科

证治准绳眼科

鸿飞集论眼科

眼科开光易简秘本

眼科正宗原机启微

咽喉口齿

咽喉论

咽喉秘集

喉科心法

喉科杓指

喉科枕秘

喉科秘钥

咽喉经验秘传

养　　生

易筋经

山居四要

寿世新编

厚生训纂

修龄要指

香奁润色

养生四要

养生类纂

神仙服饵

尊生要旨

黄庭内景五脏六腑补泻图

医案医话医论

纪恩录

胃气论

北行日记

李翁医记

两都医案

医案梦记

医源经旨

沈氏医案

易氏医按

高氏医案

温氏医案

鲁峰医案

赖氏脉案

瞻山医案

旧德堂医案

医论三十篇

医学穷源集

吴门治验录

沈芊绿医案

诊余举隅录

得心集医案

程原仲医案

心太平轩医案

东皋草堂医案

冰壑老人医案

芷园臆草存案

陆氏三世医验

罗谦甫治验案

周慎斋医案稿

临证医案笔记

丁授堂先生医案

张梦庐先生医案

养性轩临证医案

养新堂医论读本

祝茹穹先生医印

谦益斋外科医案

太医局诸科程文格

古今医家经论汇编

莲斋医意立斋案疏

医　史

医学读书志

医学读书附志

综　合

元汇医镜

平法寓言

寿芝医略

寿身小补

杏苑生春

医林正印

医法青篇

医学五则

医学汇函

医学集成

医学辩害

医经允中

医钞类编

证治合参

宝命真诠

活人心法

家藏蒙筌

心印绀珠经

雪潭居医约

嵩厓尊生书

医书汇参辑成

罗氏会约医镜

罗浩医书二种

景岳全书发挥

新刊医学集成

胡文焕医书三种

铁如意轩医书四种

脉药联珠药性食物考

汉阳叶舟丛刻医集二种